SARA WEBER

DIE WELT GEHT UNTER, UND ICH MUSS TROTZDEM ARBEITEN?

SARA WEBER

DIE WELT GEHT UNTER, UND ICH MUSS TROTZDEM ARBEITEN?

Kiepenheuer & Witsch

1. Auflage 2023

© 2023, Verlag Kiepenheuer & Witsch, Köln
Alle Rechte vorbehalten
Covergestaltung: Miriam Bloching
Gesetzt aus der Bely und New Herman
Satz: Buch-Werkstatt GmbH, Bad Aibling
Druck und Bindung: GGP Media GmbH, Pößneck
ISBN 978-3-462-00415-1

Für meine Eltern

You are not the work you do;
you are the person you are.

TONI MORRISON

Of course I do not waste my precious dreams
on labor.

ALLY ANG

INHALT

EINLEITUNG

Während ich dieses Buch schreibe, stapelt sich Krise auf Krise.
2022: Corona ist immer noch nicht verschwunden. Es ist Krieg
in Europa. Die Klimakrise zeigt sich immer deutlicher – auch
wenn wir »erst« bei 1,2 Grad globaler Erwärmung stehen. Dürre
und Überschwemmungen wechseln sich ab. Ganze Länder werden weggeschwemmt. Inflation, Affenpocken, Atomkrieg? Die
20er-Jahre glichen bisher einem unappetitlichen Krisensand-
wich. Eigentlich müssten wir alles tun, um diese Krisen zu lösen.
Stattdessen arbeiten wir einfach weiter.

Unterbewusst habe ich diese Absurdität zum ersten Mal richtig
gespürt, als wir in den ersten Corona-Lockdown gegangen sind,
im März 2020. Als diese ganze Sache mit der globalen Pandemie noch neu war und wir nicht wussten, was uns erwartet. Alles
um uns herum hat dichtgemacht. Auch ich ging nur noch zum
Einkaufen und Spazieren raus.

    Eigentlich ein Moment, um alles fallen zu lassen, oder? Statt-
dessen arbeitete ich so viel wie nie zuvor und saß den ganzen Tag
in Meetings. Zeit innezuhalten und das anzuerkennen, was da
passierte, hatte ich keine. Auch meine Freizeit wurde von der Arbeit gefressen. Und wenn es dann doch mal einen kurzen Moment
der Ruhe gab, sah der erschreckend ähnlich aus wie Arbeit: Nach

den Zoom-Meetings zu aktuellen Projekten reihten sich Zoom-Happy-Hours mit Freund*innen. Das Leben rückte für mich und viele andere Menschen in die eigene Wohnung, vor den Laptop. Arbeit und Leben verschmolzen. Work-Life-Balance? Vergiss es.

Das war die eine Seite der Arbeitswelt. Die andere Seite hieß auf einmal »systemrelevant«, und die Menschen, die darin arbeiteten, riskierten ihre Gesundheit und ihr Leben: Damit alle anderen weiterhin Essen kaufen und Müll produzieren, im Krankenhaus behandelt werden und Medikamente abholen konnten. Damit das Leben weiterlaufen konnte. Am Anfang klatschten wir noch für die Pflegekräfte vom Balkon, trugen brav unsere selbst genähten Masken. Aber irgendwann wurde das Klatschen leiser. Viele Menschen waren einfach viel zu müde vom Homeschooling und all den Meetings und der zwölften Diskussion über die Impfung. Wir hatten uns nichts mehr zu erzählen, denn niemand erlebte irgendwas – außer Arbeit.

Und dann, als wir die Hoffnung hatten, dass all das irgendwann vielleicht doch vorbei sein könnte, kam der Krieg. Ich erinnere mich daran, wie ich am Morgen des 24. Februars 2022 aufgewacht bin. Das war der Moment, in dem ich so richtig bewusst gespürt habe, wie kaputt alles ist. Ich schaute aufs Handy. In der Nacht hatte Russland die Ukraine angegriffen. Der Krieg in Europa, von dem wir alle gehofft hatten, dass er noch abgewendet werden konnte: Er war da. Im Fernsehen waren Panzer und Explosionen zu sehen, verzweifelte Menschen, die sich in U-Bahn-Schächten versteckten und versuchten, aus dem Land zu fliehen. Ich war erschüttert und traurig und wütend. Ich wollte helfen und fühlte mich machtlos. Dann setzte ich mich reflexhaft an den Schreibtisch, um einen Workshop vorzubereiten. Und dachte mir: Was mache ich hier eigentlich? Alles um uns herum scheint kaputtzugehen, und wir arbeiten einfach weiter. Arbeiten uns kaputt. Dabei funktioniert Arbeit so, wie sie heute aussieht, für uns nicht mehr. Sie macht uns müde und brennt uns aus.

Dass wir müde sind, gestresst, ausgebrannt, das ist kein neues Phänomen. Corona ist nicht alleine dafür verantwortlich, was gerade passiert. Aber die Pandemie war wie eine Art Katalysator, der alles noch schlimmer gemacht hat. Auf einmal haben wir gesehen, was wir davor nicht so wirklich wahrhaben wollten: Dass unsere Arbeitswelt große Probleme hat. Aber wir sind zu ausgebrannt, um etwas daran zu ändern. Wir stecken im Matsch unserer Müdigkeit fest und kommen nicht mehr raus, weil uns eine Mischung aus Pandemie, Klimakrise, Krieg und all den anderen Katastrophen, die unser Leben gerade bestimmen, dort festhält.

In der offiziellen Definition der Weltgesundheitsorganisation wird Burnout beschrieben als »Syndrom, das aus chronischem Stress am Arbeitsplatz resultiert, der nicht erfolgreich gemanagt wird«. Das klingt wie die offizielle Beschreibung unseres Lebens der letzten Jahre. Wer ausgebrannt ist, fühlt sich erschöpft und energielos. Die professionelle Wirkungskraft ist reduziert: Wir arbeiten und arbeiten, schaffen aber kaum noch etwas. Die mentale Distanz zum Job nimmt zu, die negativen Gefühle ebenfalls. Zynismus kann eine Folge sein.

Lange wurde uns eingeredet, dass wir selbst an unserer Müdigkeit schuld sind und einfach nur härter an uns arbeiten müssen. Wir sehen in der Klimakrise, wie alles auf Eigenverantwortung geschoben wird: Nicht die Energiekonzerne und ihre Lobbyarbeit sind das Problem, nicht die Politik und die Wirtschaft. Nein, du bist das Problem, wenn du deinen Kaffee aus dem Pappbecher trinkst. Hättest du deinen wiederverwendbaren Becher dabei, wäre das Problem gelöst. Genau so läuft es auch in der Arbeitswelt: Du verdienst zu wenig? Wärst du halt nicht Krankenpfleger*in geworden! Du bist gestresst, obwohl dein Unternehmen meetingfreie Freitage und einen Resilienzworkshop anbietet? Muss an dir liegen. Nimm doch ein Vollbad, dann bist du schon wieder entspannt.

Aber Self Care wird uns nicht retten. Wir brauchen – wie in der Klimakrise auch – große gemeinsame Anstrengungen und systemische Veränderungen. Nur so lässt sich unser kollektives Burnout heilen. Nur so haben wir eine Chance auf eine Arbeitswelt, die Menschlichkeit und Gerechtigkeit in den Mittelpunkt stellt. Nur so geht dieses Gefühl wieder weg, das uns schon viel zu lange begleitet.

Das hier ist kein Buch über *New Work*. Es geht auch nicht um die Schlagwörter, die oft im selben Atemzug fallen wie Agilität oder Change-Management. Es geht um größere Fragen: Was hat uns so kaputt gemacht? Wie können wir die Arbeitswelt wieder reparieren? Was steckt hinter Phänomenen wie der *Great Resignation*, der großen Kündigungswelle der letzten Jahre in den USA? Wie können wir es schaffen, anders zu arbeiten? Und welche Rolle spielen dabei wir alle, als Gesellschaft?

Wir hören immer wieder, dass wir jetzt in eine neue Normalität eintreten: *The New Normal*. Aber die alte Normalität hat für uns ja schon nicht funktioniert. Wieso sollte die neue Normalität besser werden und nicht einfach nur eine digitalere Variante von dem, was wir schon kannten? Außerdem schnipsen wir ja nicht mit dem Finger, und alles ist auf einmal neu und anders. Echte Veränderung dauert, sie passiert nicht von einem Moment auf den anderen. Das ist eine Chance für uns: Wir (und die Generationen vor uns) haben die alte Arbeitswelt gebaut, warum sollten wir also nicht auch eine neue Version gestalten können? Während Corona haben wir gesehen, dass Veränderung möglich ist – sogar ziemlich schnell und großflächig. Gleichzeitig beobachten wir, dass Arbeitskräfte heute mehr Macht haben, dem Fachkräftemangel sei Dank. Das bedeutet auch, dass wir Rahmenbedingungen verändern können – zu unseren Gunsten. Der Zeitpunkt könnte also nicht besser sein, um die Arbeitswelt neu zu denken, und wir sollten ihn nicht vorbeiziehen lassen.

Wie wir es schaffen können, die Arbeitswelt für alle besser zu machen, darum geht es in diesem Buch. Doch zuerst müssen wir darauf schauen, wie wir überhaupt an den Punkt gekommen sind, an dem wir uns heute befinden. Die Corona-Pandemie hat ihren Teil beigetragen, klar. Aber sie alleine ist nicht der Grund dafür, dass wir alle so müde sind. Unsere Müdigkeit ist kollektiv und systemisch, wie ich im nächsten Kapitel erklären werde. Sie ist einer der Gründe, warum sich die Gen Z ganz genau überlegt, wie viel sie noch arbeiten will. Der endlose Vorwurf der faulen, jungen Generation, es gibt ihn auch heute. Aber die Gründe dafür, dass Millennials und Gen Z anders über Arbeit nachdenken, sind valide. Teilweise führen sie zu einem großen Phäno- men, das wir in den vergangenen Monaten beobachtet haben: Der *Great Resignation*, einer Kündigungswelle, die in den USA begann, aber längst nicht dort endete. Sie betrifft einige Branchen besonders und verschärft dort den Fachkräftemangel, der unsere Arbeitswelt in den kommenden Jahren prägen wird. All das bildet den Hintergrund, vor dem wir über Arbeit sprechen. Die Situation, in der wir uns gerade befinden – um sie geht es im ersten Teil des Buches.

Im zweiten Teil kommen wir dann von den großen Entwicklungen zu ganz konkreten Problemen der Arbeitswelt – und ihren Lösungen. Gehen wir sie einmal der Reihe nach durch: Wir arbeiten zu viel, was zu unserer Erschöpfung beiträgt. Deshalb müssen wir über kürzere Arbeitszeiten sprechen. Durch Covid hat Flexibilität eine neue Qualität bekommen – vor allem im Hinblick darauf, wo wir arbeiten. Homeoffice, Remote Work und hybrides Arbeiten werden Teil unserer neuen Realität sein. Aber damit wir hier nicht die Fehler des alten Büros wiederholen, brauchen wir neue Regeln. Und: Nicht alle Menschen arbeiten im Büro und können einfach ins Homeoffice wechseln. Wie schaffen wir es, auch ihnen mehr Flexibilität zu bieten und ihre Arbeit verträglicher zu gestalten? Diese Diskussion ist auch so wichtig, weil die Arbeitswelt nicht gleichberechtigt ist: Frauen, People of Color, Menschen mit Behinderung und die LGBTQ+-Community sind immer noch schlechter bezahlt und arbeiten häufiger unter schlechten Bedingungen. Wenn wir das Problem lösen wollen, müssen wir hier ansetzen und die Arbeitswelt gerechter machen. Ungerechtigkeit hängt auch stark mit einem anderen Aspekt von Arbeit zusammen: unbezahlter Arbeit. Sogenannte Care-Arbeit oder Sorgearbeit wird immer noch größtenteils von Frauen verrichtet, die deshalb weniger verdienen, weniger Rente bekommen und öfter in unsicheren Verhältnissen arbeiten. Wenn wir Arbeit gerechter machen wollen, muss diese unbezahlte Arbeit besser verteilt, gewürdigt und entlohnt werden. Darum geht es im darauffolgenden Kapitel. Wenn wir die Arbeitswelt verändern wollen, müssen wir uns besser organisieren – und zusammenarbeiten, um Veränderung einzufordern. Denn wenn wir nicht aufpassen, dann geht die Schere zwischen guten und schlechten Jobs immer weiter auf. Die Berufe vieler Menschen hießen in der Pandemie auf einmal »systemrelevant«. Aber ihre Bedeutung hat sich nicht in den Arbeitsbedingungen widergespiegelt – im Gegenteil. Ich habe mit einigen von ihnen gesprochen und einen Trend beobachtet, der eine Veränderung einläuten könnte: Betriebsräte und Gewerkschaften erleben ein Comeback, und zwar in Jobs, in denen das früher undenkbar gewesen wäre. Genau diese Organisation von Mitarbeiter*innen kann auch in einem anderen Bereich einen relevanten Einfluss haben: beim Klimaschutz. Denn natürlich lässt sich dieses Buch nicht schreiben, ohne auf das Klima zu schauen. Deshalb findet sich das Thema auch in einigen anderen Kapiteln wieder, denn wie wir alle wissen, betrifft es so gut wie alle Lebens- und somit auch Arbeitsbereiche.

Und dann sind da noch die zwei Aspekte, die uns gerne als Lösungen für alle Probleme präsentiert werden: *Passion* und *Purpose*. Wer mit Leidenschaft bei der Sache ist und Sinn in der eigenen Arbeit findet, hat den Jackpot geknackt und darf sich nicht beschweren. Das wird uns zumindest vermittelt. Aber stimmt es wirklich?

Wie wir heute arbeiten, macht uns krank. Ich verstehe alle, die keinen Bock mehr darauf haben, sich für ihren Job kaputt zu machen. Ich habe auch keine Lust mehr darauf: Weil ich glaube, dass unsere Art zu arbeiten weder besonders menschlich noch besonders nachhaltig ist. Nicht für uns, nicht für das Klima, für niemanden. Was also tun? Wir sehen, dass sich Arbeit wandelt: Sie wird immer mehr, immer invasiver, immer anstrengender. Wenn wir nicht aufpassen, dann bekommen wir nur noch mehr von dem, was uns nicht guttut. Deshalb müssen wir für gute Veränderung sorgen. Arbeit und Wirtschaft aus ihrem aktuellen Kontext reißen und wieder neu aufstellen. Wie genau das aussehen kann, darum geht es in diesem Buch. Gemeinsam haben wir die Chance, eine neue Arbeitswelt zu bauen, die besser funktioniert – für uns alle. Wir müssen es nur machen.

TEIL 1

WIR SIND ALLE VERDAMMT ERSCHÖPFT

Wenn ich über Müdigkeit schreibe, meine ich nicht die Art von müde, die man mit einer extra Nacht Schlaf wieder ausgleichen kann. Sondern ich meine die Art von müde, die in den Knochen sitzt und dafür sorgt, dass abends nichts mehr geht außer Tiefkühlpizza und Netflix. Ich war so müde, dass ich sogar einen richtig guten Job gekündigt habe. Weil ich einfach nicht mehr konnte. Weil ich ausgebrannt war. Von der Arbeit. Vom Streben nach immer mehr Produktivität. Von meiner »Karriere«. Von der Welt um uns herum. Und ganz besonders von all den Krisen. Unsere Welt steht in Flammen, im wahrsten Sinne des Wortes. Und wir? Brennen aus, um bloß keine Deadline zu reißen. Was zur Hölle machen wir da eigentlich? Warum tun wir uns das an?

Eigentlich dachte ich, dass ich richtig gut bin im Arbeiten. Ich komme aus einer Familie, in der alle immer viel gearbeitet haben: an der Kasse, im Autohaus, bei McDonald's. Ich habe früher mein Geld mit Babysitten verdient, in den Semesterferien an der Kasse gestanden, ein Praktikum nach dem anderen gemacht, nebenbei in einer Marketingfirma gejobbt. Irgendwo musste das Geld ja herkommen – und das BAföG alleine reichte im Studium nicht. Ich wusste, dass ich nicht erben würde und dass meine Eltern mich finanziell nur wenig unterstützen konnten. Dass wir keine »Freund*innen der Familie« haben, die mich auf irgendwelche Führungspositionen hieven würden. Wenn ich beruflich vorankommen wollte, dann musste ich besser sein und mehr arbeiten als andere. Irgendwann landete ich auf dieser »Karriereleiter«, wurde Wirtschaftsredakteurin, später Redaktionsleiterin bei LinkedIn. Auf dem Papier sah alles perfekt aus. Aber innen drin hat es sich oft ganz anders angefühlt.

Ich dachte damals, dass es an mir liegt: Dass ich einfach nicht genug Yoga mache oder dass ich das mit dem Meditieren endlich mal hinkriegen sollte. Oder diese Tricks von erfolgreichen CEOs ausprobieren: Um 4:30 Uhr aufstehen, ein Glas warmes Wasser trinken, joggen gehen, und dann von sechs Uhr morgens bis zehn Uhr abends am Laptop sitzen. Vielleicht müsste ich auch einfach nur häufiger im Wald spazieren gehen. Self Care ist schließlich die Lösung für alles. Das wurde uns zumindest immer suggeriert: Wenn du gestresst bist, dann liegt es an dir. Du musst dich nur mehr anstrengen, dein Mindset ändern und endlich Inbox Zero achieven, wie die Startup-Szene es formulieren würde.

Heute weiß ich, dass das alles Bullshit ist. Nicht wir funktionieren nicht gut genug, sondern unsere Arbeitswelt ist kaputt. Das macht auch uns krank: Wir sind müde, ausgebrannt, gestresst. Und wir beginnen, die Realität zu erkennen: Self Care und Hustle-Kultur bringen uns nicht weiter. Es hilft niemandem, wenn wir so viel arbeiten, dass wir ausbrennen und uns am Ende noch dafür feiern. Wir werden es nicht besser haben als unsere Eltern, wenn wir uns nur genug anstrengen, denn dieses Versprechen wurde längst gebrochen. Wir haben versucht, die Müdigkeit zu ignorieren und einfach weiterzumachen in der Hoffnung, irgendwann auf der anderen Seite herauszukommen. Wir dachten, dass wir die Einzigen sind, die sich so fühlen. Dass es ein individuelles Problem ist. Dabei ist es ein systemisches Problem, das uns alle ins kollektive Burnout führt.

Um herauszufinden, ob jemand unter Burnout leidet, gibt es ein Messinstrument: das *Maslach Burnout Inventory* (MBI). Benannt ist es nach der Psychologin Christina Maslach, die das MBI gemeinsam mit Susan E. Jackson entwickelt hat. Den Test zu machen, dauert ungefähr zehn Minuten. Er besteht aus 22 Fragen. Ich habe den Test schon oft gemacht, was kein gutes Zeichen ist. Einige der Aussagen, die dabei vorgeschlagen werden, scheinen mir symptomatisch zu sein für uns und die Art, wie wir heute arbeiten:

Ich fühle mich emotional erschöpft wegen meiner Arbeit.

Ich fühle mich am Ende des Arbeitstages verschlissen.

Ich fühle mich müde, sobald ich morgens aufstehe und den neuen Ar- 23
beitstag vor mir ausgestreckt sehe.

Ich fühle mich ausgebrannt wegen meiner Arbeit.

Ich habe das Gefühl, dass ich zu hart arbeite.

Ich fühle mich, als wäre ich mit meinem Latein am Ende.

Der Test fragt alle drei Dimensionen von Burnout ab: berufliche Erschöpfung, De-Personalisierung oder Verlust von Empathie und die persönliche Leistungsbeurteilung. Am Ende dürfte bei vielen von uns dasselbe Ergebnis stehen. Denn dass wir ausgebrannt sind und die Arbeit schuld daran ist, belegen diverse Studien. Zwei Drittel aller Beschäftigten in Deutschland sind zumindest manchmal gestresst und mehr als ein Viertel häufig. Knapp die Hälfte der Befragten nennen Beruf, Studium und Schule als die Hauptursache für ihren Stress. Vor allem zu viel Arbeit und Termindruck belasten.[1] Mehr als 40 Prozent fühlen sich durch die Arbeit oft abgearbeitet und verbraucht. Mehr als ein Viertel kann abends und am Wochenende nicht richtig von der Arbeit abschalten, rund 20 Prozent auch im Urlaub nicht. Wann der Stress endlich nachlässt? Ab 60 Jahren, also am Ende des Erwerbslebens.

Schon 2018, vor der Corona-Pandemie, sah die Hälfte der Beschäftigten in Deutschland für sich selbst ein mäßiges bis hohes Burnout-Risiko. Sechs von zehn Arbeitnehmer*innen berichteten über Stresssymptome wie anhaltende Müdigkeit und Erschöpfung, Rückenschmerzen, innere Anspannung und ständiges Grübeln über die Arbeit.[2]

Früher war es geradezu verpönt, über die eigene Erschöpfung zu sprechen. Das hat sich verändert: Burnout ist in die öffentliche Diskussion gerutscht. Max Eberl, zu diesem Zeitpunkt Sportdirektor des Fußballvereins Borussia Mönchengladbach, trat im Januar 2022 zurück: »Ich kann für diesen großartigen Klub nicht mehr arbeiten, weil ich krank bin. Ich bin erschöpft. Ich will einfach raus aus der Mühle.«[3] Die australische Tennisspielerin Ashleigh Barty beendete ihre Profikarriere im März 2022, mit 25 Jahren. Sie stand zu diesem Zeitpunkt seit 114 Wochen auf dem ersten Platz der Weltrangliste. »Ich habe den physischen Antrieb nicht mehr, diese Emotionen, es zu wollen, und alles, was es braucht, sich selbst herauszufordern auf diesem Toplevel.«[4] Auch Angela Merkel klang ziemlich erschöpft, als sie darüber redete, wie sie sich das Leben nach ihrer Zeit als Bundeskanzlerin vorstellte. »Vielleicht werde ich versuchen, was zu lesen, dann werden mir die Augen zufallen, weil ich müde bin, dann werde ich ein bisschen schlafen, und dann schauen wir mal«, sagte Merkel im Juli 2021, kurz vor dem Ende ihrer Amtszeit.[5]

Burnout wird immer noch oft als Ehrenorden gesehen, den man verliehen bekommt, wenn man hart genug gearbeitet hat. Du bist ausgebrannt? Dann hast du alles richtig gemacht, herzlichen Glückwunsch. Das ist eine der Sachen, die wir uns aus den USA abgeschaut haben, dem Land, aus dem mein Vater kommt und das meine zweite Heimat ist. Dieses Abschauen gilt auch für viele andere Aspekte von Arbeit: Wenn in den schicken Silicon-Valley-Büros mit ihren Tischkickern alle nur von Produktivität reden und so Milliarden machen, dann kann das ja nicht so falsch sein. Was wir dabei ignoriert haben, ist das kaputte System der USA, das ohne bezahlte Elternzeit auskommt, wo Krankenversicherung teuer und an den Job gekoppelt ist, und es kaum Rechte für Arbeitnehmer*innen gibt. Genau deshalb werde ich in diesem Buch auch immer mal wieder in die USA blicken: Weil wir dort Ideen und Chancen für die Zukunft von Arbeit sehen, die eine Strahlkraft über das Land hinaus haben können. Und auch, weil wir dort sehen, was alles richtig schlecht läuft. So wie bei der Kultur der Überarbeitung. Jetzt fliegt uns das alles nämlich um die Ohren.

Denn Burnout ist nichts, worauf man stolz sein sollte. Burn- 25 out hat gesundheitliche Folgen, die sich sogar in der Struktur des Gehirns zeigen. Burnout kann zu hohem Cholesterinspiegel und Diabetes führen, zu Herz- und Kreislauferkrankungen, Schmerzen des Bewegungsapparates, verändertem Schmerzempfinden, anhaltender Müdigkeit, Kopfschmerzen, zu Atemwegs- und Magen-Darm-Problemen, Schlaflosigkeit, depressiven Symptomen und psychischen Störungen. Burnout kann dich ins Krankenhaus bringen – oder sogar zu früh sterben lassen.[6] Mehr als ein Fünftel der Menschen, die häufig gestresst sind, beschreibt den eigenen Gesundheitszustand als »weniger gut oder schlecht«.[7]

Ursprünglich wurde der Begriff Burnout im Kontext von Pflegeberufen geprägt.[8] Auch heute gehören Pflegekräfte, Lehrer*innen, Ärzt*innen und Sozialarbeiter*innen zu den Berufsgruppen, die besonders häufig von Burnout betroffen sind. Sie sind systemrelevant und unfassbar erschöpft. Auch wer viel Emotionsarbeit leisten muss – also im Beruf viele emotionale Leistungen erbringt –, hat ein höheres Risiko für Burnout. Das sogenannte Stewardess-Syndrom betrifft neben Flugbegleiter*innen und Menschen in den oben genannten Berufen auch diejenigen, die in Supermärkten, Call-Centern, Restaurants und anderen Dienstleistungsberufen arbeiten. Sie dürfen ihre eigenen Emotionen nicht zeigen, sondern müssen sie hinter einem Lächeln verstecken – egal ob sie sich danach fühlen.[9]

Burnout ist offiziell keine eigenständige Krankheit. Stattdessen hängt Burnout oft mit anderen psychischen Erkrankungen wie Depressionen und Angststörungen zusammen. Sie sind es auch, die häufig auf der Krankmeldung stehen, wenn Menschen ausgebrannt sind. Die Fehltage wegen psychischer Erkrankungen sind in den vergangenen zehn Jahren stark angestiegen. Vor allem Depressionen, Anpassungs- und Angststörungen führen heute zu mehr Fehltagen. Von Anpassungsstörungen spricht man, wenn Menschen auf eine besondere Situation oder eine große Veränderung mit psychischen Beschwerden reagieren. Typischerweise sind das Ereignisse wie Trennungen oder die Geburt eines Kindes. Aber auch eine globale Pandemie zählt dazu.[10]

Gleichzeitig ist eine Krankschreibung immer noch etwas, das viele Menschen zu vermeiden versuchen. Sie sind zwar krank, aber sie arbeiten weiter, als wäre nichts. Das gilt ironischerweise vor allem für diejenigen, die besonders kaputt sind: Die Hälfte der Personen, die eine besonders hohe Belastung am Arbeitsplatz spüren, haben in der ersten Jahreshälfte 2021 eine Woche oder mehr gearbeitet, obwohl sie krank waren.[11]

Auch ich habe das oft genug gemacht – und bereue es heute noch. Einmal fuhr ich nach einer Konferenz mit Fieber nach Amsterdam und pumpte mich mit Schmerzmitteln zu, um bei einem zweitägigen Besuch von Vorstandsmitgliedern dabei zu sein. Als ich wieder in München landete, hatte ich eine fiese Mittelohrentzündung. Ein paar Jahre zuvor hatte ich eine Bronchitis so verschleppt, dass ich Asthma bekam, das mich bis heute begleitet. Krank arbeiten ist keine gute Idee, das habe ich selbst erlebt. Gleichzeitig kenne ich auch das Gefühl, so viel zu arbeiten, dass man davon krank wird. Am Abend nach einem besonders stressigen Arbeitstag fragte ich meinen Mann: »Kennst du das, wenn du so müde bist, dass du nur noch weinen willst?« Dass ich zu diesem Zeitpunkt schon mittendrin war im Burnout, war mir nicht klar. Ich hatte stattdessen das Gefühl, einfach nicht stark genug zu sein, so als ob Arbeit ein Wettbewerb wäre, für den ich nur härter trainieren müsste.

Es ist fast, als dürfte man sich in der Arbeitswelt keinerlei Schwächen zugestehen. Der Sozialpsychologe Devon Price nennt das die *Laziness Lie*: die Faulheitslüge. Wir haben Schuldgefühle, wenn wir »nicht genug« tun – und arbeiten uns krank. Wir lügen uns in die Tasche, indem wir behaupten, dass wir faul sind, wenn wir nicht jede Sekunde des Tages produktiv verbringen. »Die meisten von uns fühlen sich die meiste Zeit müde, überfordert und enttäuscht von sich selbst«, schreibt Price.[12] »Egal wie viel wir erreicht haben oder wie hart wir gearbeitet haben, wir glauben nie, dass wir genug getan haben, um zufrieden oder mit uns im Reinen zu sein. Wir finden nie, dass wir eine Pause verdient haben.« Also arbeiten wir weiter, als wäre nichts geschehen. »Während wir all die Burnouts, die stressbedingten Krankheiten, und die Wochen, in denen wir nicht genug geschlafen haben, überstehen, bleiben wir überzeugt davon, dass Einschränkungen zu haben uns ›faul‹ macht – und dass Faulheit immer etwas Schlechtes ist.«

Dabei existiert diese Faulheit gar nicht, vor der wir uns alle so sehr fürchten. »Es gibt keine moralisch korrupte, faule Macht in uns, die uns dazu bringt, grundlos unproduktiv zu sein«, schreibt Price. »Es ist nicht schlimm, Grenzen zu haben und Pausen zu brauchen. Sich müde oder unmotiviert zu fühlen ist keine Gefahr für unseren Selbstwert.« Denn es gibt gute Gründe dafür, wenn wir unmotiviert oder müde sind: Nämlich dass wir »versuchen, in einer übermäßig fordernden, Workaholic-Kultur zu überleben, die Menschen dafür niedermacht, grundlegende Bedürfnisse zu haben«.

Diese Workaholic-Kultur und die damit einhergehende Überarbeitung ist einer der Hauptgründe dafür, dass Menschen
ausbrennen. Arbeit verdichtet sich: Tätigkeiten, für die es früher einzelne Jobs gab, werden heute oft in eine Stelle gepresst.
Die Arbeitslast steigt. Alle wollen die eierlegende Wollmilch-
sau. Ich erinnere mich noch daran, wie uns in der Journalistenschule eingebläut wurde: Ihr müsst alles können, schreiben,
Audio aufnehmen und schneiden, Video selbst drehen, Videos
schneiden. Social Media auch, eh klar, ihr seid ja jung. Aber dass
nicht alle Praktikant*innen automatisch auch TikTok-Super-
stars sind, nur weil ein bestimmter Jahrgang bei ihnen im Aus-
weis steht, interessiert in der Personalabteilung niemanden. All
diese Anforderungen, von denen mir in der Journalistenschule
erzählt wurde, habe ich letztens in einer Stellenausschreibung
eines großen Medienhauses gesehen. Außerdem war dort gefragt: eine Menge Erfahrung. Die Stelle war eine Präsenzstelle,
befristet auf ein Jahr. Diese Ausschreibung ist kein Einzelfall.
Viele Unternehmen wollen, dass ihre Beschäftigten alles können. Im Gegenzug gibt es zwar ein Gehalt, aber keine Sicherheit
oder Weiterentwicklungsmöglichkeiten.

Bei Computern sprach man lange von *Moore's Law*: Durch die
stetige Entwicklungsarbeit in der Elektronikindustrie verdoppelt sich die Anzahl von Transistoren in einem dichten inte-
grierten Schaltkreis alle zwei Jahre. Oder anders gesagt: Ein Laptop, den ich heute kaufe, ist doppelt so schnell wie einer, den
ich vor zwei Jahren bekommen hätte – und kostet nur noch die
Hälfte. Das galt zumindest die letzten Jahre noch. Ein Freund
schrieb mir kürzlich, dass er genau daran im Kontext seiner
Arbeit denken musste: »Wann zur Hölle bin ich ein Computer geworden?«, fragte er. Seit wann gilt die Logik von *Moore's
Law* nicht mehr nur für unsere Laptops, sondern auch für die
Menschen, die mit ihnen arbeiten? Unsere Arbeitsproduktivi-
tät steigt immer weiter an, selbst in den ersten beiden Corona-

Jahren.[13] Aber wie lange soll das noch so weitergehen? *Moore's Law* hat sich bereits verlangsamt, aber bei uns Menschen scheint die Geschwindigkeit eher noch anzuziehen.

Wir sehen diese Arbeitsverdichtung nicht nur in Büros und bei der sogenannten Wissensarbeit, sondern auch in Branchen, die schon lange massiv unter Personalmangel leiden: in der Pflege, in der Erziehung, in der Lehre. Vier von zehn Mitarbeiter*innen in Erziehungs- und Sozialberufen spüren eine Mehrbelastung aufgrund von Personalmangel. Im Verkauf trifft das auf mehr als die Hälfte der Beschäftigten zu, in der Pflege auf fast zwei Drittel.[14] Teams wurden kleingespart und die Überarbeitung damit in Kauf genommen. Schon 2019 haben 70 Prozent der Arbeitnehmer*innen gesagt, dass ihre Arbeitsbelastung in den letzten fünf Jahren zugenommen habe.[15] Seit Beginn der Corona-Pandemie hat sich das noch mal verschärft.[16] Es ist für viele Menschen unmöglich geworden, ihre Arbeit in der vorgegebenen Zeit zu schaffen.[17] Also schieben sie Überstunden. Viele Menschen können nach der Arbeit nicht mehr richtig abschalten – und die Mails, die Vorgesetzte abends und am Wochenende schicken, helfen dabei auch nicht.

Doch es geht nicht nur um Überarbeitung. Neben hoher Arbeitslast steuern noch weitere Faktoren zu Burnout bei:[18] Kontrolle, Belohnung, Gemeinschaft, Fairness und Wert. Sind einer oder mehrere dieser Faktoren zwischen einer Person und ihrem Job chronisch außer Balance, kann das zu Burnout führen. Burnout passiert also, wenn die Arbeitslast zu hoch ist. Wenn man sich unfair behandelt fühlt. Wenn man keine Kontrolle über die eigene Arbeit hat. Wenn man nie belohnt oder gelobt wird. Wenn man nicht mit den Kolleg*innen klarkommt. Wenn man sich wertlos fühlt. Oder wenn mehrere oder all diese Faktoren aufeinandertreffen.

Dazu kommen Faktoren, die erst mal nichts mit dem Job zu tun haben, aber unser Leben – und damit unsere Arbeit – trotzdem beeinflussen. Einer davon war in den vergangenen Jahren Angst. Mit der Corona-Pandemie kam die Angst vor Ansteckung, vor Krankheit und davor, die eigenen Eltern zu umarmen. Dann kam die Angst, den Job zu verlieren und dass das Geld nicht zum Heizen reicht. Die Angst vor der Klimakrise, vor dem Krieg. Angst, das alles nicht mehr zu schaffen.

NIEMAND HAT MEHR LUST ZU ARBEITEN
(VOR ALLEM NICHT DIE GEN Z)

Seit Millennials angefangen haben zu arbeiten, ist ihr Arbeitsalltag von Angst geprägt: Dotcom-Blase, 9/11, Finanzkrise, Eurokrise, Covid, Energiekrise. Unbezahlte Praktika, befristete Verträge und das Hangeln von einer Elternzeitvertretung zur anderen sind die Folgen. Wie soll man es denn schaffen, entspannt zur Arbeit zu kommen, wenn diese existenziellen Ängste immer im Hinterkopf sind?

Gleichzeitig wird Millennials und Gen Z – also allen, die zwischen 1981 und 2012 geboren wurden – ständig vorgeworfen, dass sie sich einfach nicht genug anstrengen. Dass sie einfach keinen Bock haben, richtig hart zu arbeiten. Dass das an den Arbeitsbedingungen liegen könnte, wird gerne ignoriert. Stattdessen ärgern sich CEOs pressewirksam darüber, dass »die jungen Leute« nur noch drei Tage pro Woche arbeiten wollen und am liebsten nicht am Wochenende. Und das, obwohl sie Mindestlohn bekommen würden! »It seems like nobody wants to work these days«, sagt selbst Kim Kardashian.[19] Kein besonders origineller Vorwurf, schließlich wird das den jüngeren Generationen vorgeworfen, seit es Generationen gibt.

Der große Unterschied? Die Gen Z gibt offen zu, dass sie keine Lust auf Arbeit hat – zumindest nicht, wenn Arbeit so funktioniert wie aktuell. Auf TikTok findet man unendlich viele Memes rund ums Arbeiten. Klar gibt es da auch Hustle-Content und Business-Bros, die dir sagen, wie du die Karriereleiter nach oben kletterst. Aber der generelle Tenor ist ein anderer. »I have no dream job, I do not dream of labor.«[20] – Ich habe keinen Traumjob, ich träume nicht von Arbeit, sagt @mrhamilton. »I don't have goals. I don't have ambition. I only want to be attractive.«[21] – Ich habe keine Ziele, ich habe keinen Ehrgeiz, ich will einfach nur schön sein, sagt @ayanna.ife und bekommt dafür mehr als eine Million Likes. »Ich fühle das mit meinem ganzen Herzen«, kommentiert jemand darunter. @miainmoments beschreibt mein ideales Leben: »I don't want to be a girlboss. I don't want to hustle. I simply want to live my life slowly and lay down in a bed of moss with my lover and enjoy the rest of my existence reading books, creating art, and loving myself and the people in my life.«[22] – Ich will kein Girlboss sein, ich will mich nicht kaputtarbeiten. Ich will mein Leben langsam leben und mit meinem Lover in einem Bett aus Moos liegen und den Rest meiner Existenz genießen, Bücher lesen, Kunst schaffen und mich und die Menschen in meinem Leben lieben.

Selbst wer einfach nur seinen Job machen und dann nach Hause gehen will, wird in den Faulheitstopf gesteckt. Das zeigt der Begriff *Quiet Quitting*: Wer »still kündigt«, so die Erklärung, weigere sich, im Job die Extrameile zu gehen. Dienst nach Vorschrift nannte man das früher: Es wird gemacht, was gemacht werden muss und wofür man bezahlt wird, aber eben nicht mehr. Auch dieser Begriff wurde auf TikTok groß. »Du erledigst deine Aufgaben, aber du unterwirfst dich nicht länger der Mentalität der Hustle-Kultur«, sagt Zaid Khan aka @zaidleppelin in seinem viralen Video.[23] »Dein Wert als Person wird nicht über deine Produktivität definiert.«

Doch das sehen Unternehmen oft anders: Führungskräfte werden panisch, dass sie jetzt noch ein vermeintliches Problem mehr an der Backe haben – und ihre Mitarbeitenden nicht mehr unendlich viel Produktivität aus sich herauspressen wollen. Dabei zeigt *Quiet Quitting* zwei Dinge: Erstens die Absurdität, dass normale Arbeit mit Kündigung gleichgesetzt wird. Wer seinen Job erledigt, kündigt nicht – auch nicht still. Zweitens geht es hier nicht ums Nichtstun, sondern darum, dass Mitarbeitende Grenzen ziehen und sich vor Überarbeitung schützen. Sollte das nicht vielmehr der Fokus von Führungskräften sein?

Denn all die TikTok-Trends – von *Quiet Quitting* bis hin zum Wunsch, gar nicht mehr arbeiten zu müssen – haben erst mal nichts mit Faulheit zu tun, von der wir ja eh schon gesehen haben, dass sie eine große Lüge ist. Vielmehr geht es um die Frage, *wofür* wir eigentlich arbeiten. Früher war das Versprechen von Arbeit klar: Wer hart arbeitet, wird es mal besser haben. Wenn ihr auf den Markt vertraut, gibt es Wohlstand für alle. Mein Haus, mein Auto und so. Dieses Versprechen funktioniert nicht mehr. Junge Menschen arbeiten und arbeiten, aber können es sich trotzdem nicht leisten, eine Immobilie zu kaufen, weil alles viel zu teuer geworden ist. Wir wissen nicht, ob wir irgendwann eine Rente bekommen, von der wir leben können. Und wenn wir die Klimakrise nicht in den Griff bekommen – und zwar schnell –, haben wir keine Lebensgrundlage mehr. Der Grund, um immer mehr und immer härter zu arbeiten, existiert nicht mehr.

Dazu kommt, dass vielen jungen Menschen nur noch unsichere Arbeitsverhältnisse angeboten werden. Da sind zum einen Praktika, die mittlerweile in fast allen Branchen erwartet werden. Oft sind sie unbezahlt, oder es gibt gerade mal eine Aufwandsentschädigung, mit der man die Miete nicht zahlen kann. Bis auf wenige Ausnahmen sind Praktika außerdem nicht vom Mindestlohn gedeckt.[24] Zum anderen sind da die befristeten

Arbeitsverträge: 2016 waren mehr als 60 Prozent aller befristet Beschäftigten in Deutschland unter 35 Jahren alt. Die Befristung schlägt also genau in dem Alter zu, in dem man eigentlich das eigene Leben aufbauen und vielleicht sogar eine Familie gründen will.[25] In meiner Recherche bin ich über den Begriff *Hope Labor* gestolpert, der diese Art der Beschäftigung perfekt beschreibt. Hoffnungsarbeit ist »un- oder unterbezahlte Arbeit, die in der Gegenwart ausgeführt wird, oft für Erfahrung oder Reichweite, in der Hoffnung, dass künftige Chancen auf Beschäftigung folgen werden«, schreiben Kathleen Kuehn und Thomas F. Corrigan.[26] Hoffnungsarbeit wird dabei als Investition gesehen, die sich in der Zukunft für Einzelne auszahlen kann, weil diese Personen genug Zeit und Energie hineingesteckt haben. Im Prinzip keine ganz neue Idee – doch in den flexibilisierten und dynamischen Arbeitsmärkten, die wir heute haben, wirkt sich diese Art der Hoffnungsarbeit negativ auf die Jobperspektiven aller aus und verzerrt den Markt. Was wiederum besonders die Jüngeren im Arbeitsmarkt trifft.

Während Arbeit immer unsicherer wurde, wird sie gleichzeitig zum Mittelpunkt des Lebens hochstilisiert: Auf jeder Party wird zuerst gefragt, was man denn so mache – beruflich natürlich. Aber ist es wirklich sinnvoll, sich so stark über den eigenen Job zu definieren, wenn all die Versprechen von Arbeit, Aufstieg und Wohlstand bereits gebrochen wurden?

Fast die Hälfte der Millennials und Gen Z lebt von Gehalt zu Gehalt. Sie sorgen sich um ihre Finanzen, um den Klimawandel, um ihre Zukunft.[27] Und das Einzige, was sie als Reaktion darauf zu hören bekommen, ist, dass sie faul sind? Kein Wunder also, dass viele da nicht mehr mitmachen wollen – und lieber ihre Jobs schmeißen, als sich kaputtzuarbeiten.

DIE GROSSE KÜNDIGUNGSWELLE

Ich habe meinen Job im April 2021 gekündigt. Ich war aus- gebrannt, und mein Körper sagte mir ziemlich deutlich, dass ich eine Pause machen musste. Mein Mann und meine Therapeutin auch. Die Entscheidung fiel mir trotzdem schwer: Ich mochte mein Team und meine Chefin, mein Job war eigentlich super, ich lernte viel, hatte viel Verantwortung.

Was ich nicht sehen wollte: Dass ich seit Beginn der Pandemie oft durcharbeitete statt Mittagspause zu machen – bis mein Magenknurren so laut wurde, dass ich mir ein paar Gummibärchen in den Mund schob. Dass ich lieber vor dem Laptop sitzen blieb, statt mich abends mit Freund*innen zu treffen. Dass meine Arbeitstage nicht kürzer wurden, sondern länger. Mein Rücken tat weh, mein Nacken auch. Für Sport oder Hobbys hatte ich keine Energie, für Ehrenämter erst recht nicht. Netflix ging noch, für alles andere war ich zu kaputt. Arbeit und Freizeit mischten sich ineinander, in eine graue Masse, die alle Tage gleich wirken ließ.

Trotzdem fühlte ich mich schuldig: Ich saß doch nur im Homeoffice und hatte keinen wirklich anstrengenden Job. Ich betreute keine Kinder, pflegte keine Angehörigen. Ich musste mir keine Sorgen machen, ob nächsten Monat genug Geld auf dem Konto sein würde. Durfte ich wirklich müde sein? Andere hatten es doch viel schwerer als ich. Ich war in die Falle des *Knowledge Worker Guilt* getappt. Das ist das Schuldgefühl, das Menschen mit Bürojobs verspüren. Denn ja, meine Erschöpfung kam aus einer privilegierten Situation. Aber das machte sie nicht weniger real.

Als ich meiner Chefin im April 2021 in einem Videocall sagte, dass ich gehen würde, haben wir beide geweint. Als ich ein paar Tage später meinem Team von meiner Entscheidung erzählte, flossen wieder Tränen. Ich war traurig, aber ich war auch erleichtert. Die Entscheidung zu treffen hatte so lange gedauert. Ich hatte sie monatelang in meinem Kopf hin- und hergeschoben. Aber als sie endlich getroffen war, fühlte es sich plötzlich an, als hätte sich eine große Last von mir gehoben. Ich atmete freier. In meinem Kopf war Platz für andere Gedanken außer Arbeit, Arbeit, Arbeit. Ich begann wieder, Dinge zu planen und kreativer zu denken (und sogar, über ein Buch nachzudenken).

Und es ist lustig zu beobachten: Wenn man seinen Job kündigt, sprechen Menschen auf einmal ganz anders über ihre eigene Arbeit. Wenn sie dann noch hören, dass du gegangen bist, weil du einfach zu fertig warst, kommen all ihre Geschichten übers Ausgebranntsein zutage. Davor dachte ich, alle hätten ihr Leben voll im Griff, und ich sei die Ausnahme.

Aber meine Kündigung und ich waren nicht die Ausnahme. Viele Menschen, für die Arbeit nicht mehr funktioniert, kündigen. Es sind so viele, dass dieses Phänomen in den USA einen eigenen Namen bekommen hat: *The Great Resignation*, das große Kündigen. Geprägt wurde der Begriff von Anthony Klotz. »The Great Resignation is coming«, sagte der Managementprofessor Klotz im Mai 2021 in einem Interview mit *Bloomberg*.[28] Im April 2021 hatten knapp vier Millionen Menschen in den USA ihre Jobs gekündigt.[29] So hoch war die Zahl seit 20 Jahren nicht gewesen. Auch die nächsten Monate über blieben die Kündigungsraten hoch: Insgesamt haben mehr als 47 Millionen Menschen in den USA im Jahr 2021 freiwillig ihre Jobs verlassen.[30] Auch danach ging die Kündigungswelle weiter, sie schwappte aus den USA auf andere Länder wie Australien[31] und Großbritannien[32] über.

Aber was bringt all diese Menschen dazu, ihre Jobs zu kündigen? Klotz nennt vier Gründe für diese Bewegung:[33] Erstens sind Arbeitskräfte ausgebrannt. Zweitens konfrontierte die Pandemie viele Menschen mit ihrer eigenen Sterblichkeit. Sie machten sich Gedanken darüber, wie bedeutsam ihr Leben ist, und merkten, wie (un-)zufrieden sie sind. Drittens haben Millionen die Freiheit von Homeoffice und Remote Work erlebt und wollen nicht mehr zurück. Viertens war das erste Jahr der Pandemie eine unsichere Zeit – und in unsicheren Zeiten bleiben Menschen (erst mal) in ihren Jobs. 2021 haben dann all die Menschen gekündigt, die das monatelang aufgeschoben hatten.

Das zeigt auch eine Analyse, die von Journalist*innen der *Harvard Business Review* durchgeführt wurde: Das Große Kündigen hat nicht erst mit der Pandemie begonnen. Den Trend gibt es schon seit zehn Jahren. Von 2009 bis 2019 ist die durchschnittliche monatliche Kündigungsrate in den USA pro Jahr um 0,1 Prozentpunkte angestiegen. 2020 gab es coronabedingt eine Pause, aber 2021 wurde der vorherige Trend weitergeführt – mit Rekordzahlen.[34] Klotz glaubt, dass der Trend noch zwei bis drei Jahre lang anhalten könnte. Die Arbeitswelt verändert sich gerade so massiv – und Menschen möchten ausprobieren, welche neuen Arbeitsweisen zu ihnen passen.[35] Vor allem jüngere Beschäftigte können sich vorstellen zu kündigen: Ungefähr ein Viertel der 18- bis 41-Jährigen hält es für extrem oder ziemlich wahrscheinlich, im nächsten Jahr den Job zu wechseln.[36] Sogar Beyoncé rät in ihrem Song »Break my Soul« dazu, endlich den anstrengenden und nervigen Job hinzuschmeißen.[37]

Wer kündigt, geht nicht immer leise. Einige Beschäftigte gehen mit ihren Kündigungen sogar viral. Beth McGrath aus dem

US-Bundesstaat Louisiana zum Beispiel. Bei Facebook lädt sie ein Video von sich hoch: zwei rot gefärbte Zöpfe, grauer Pulli, Maske, einen Telefonhörer zwischen Schulter und Ohr geklemmt. Das Lautsprechersystem des Supermarktes ertönt: »Attention Walmart shoppers and associates, my name is Beth from electronics.« – Achtung, Walmart-Kund*innen und Kolleg*innen, mein Name ist Beth aus der Elektronik-Abteilung. Sie sagt, dass sie fast fünf Jahre lang bei Walmart gearbeitet habe und alle dort überarbeitet und unterbezahlt seien. Dass sie vom Management und der Kundschaft jeden Tag schlecht behandelt würden. Das Video endet mit diesen Worten: »Fuck management and fuck this job. I quit.« Es hat alleine auf Facebook mehr als eine halbe Million Aufrufe.[38] Unter dem Hashtag #iquit gibt es zahllose Videos auf TikTok, bei denen Kündigungen überreicht, ausgesprochen und letzte Arbeitstage gefeiert werden. Die Kündigung eines verhassten Jobs ist zum Meme geworden. Die Menschen wollen sich schlechte Arbeitsbedingungen nicht mehr gefallen lassen – vor allem, weil in den USA wie auch in Deutschland gerade sehr viele Stellen unbesetzt sind. Es gibt also Alternativen. Knapp zwei Drittel der Menschen, die 2021 in den USA gekündigt haben, nennen schlechte Bezahlung als einen der Gründe. Vielen Menschen fehlten in ihrem alten Job die Weiterentwicklungsmöglichkeiten, die Wertschätzung, die Kinderbetreuung oder die Flexibilität bei der Arbeitszeit. Für eine Mehrheit der Menschen, die jetzt einen neuen Job haben, haben sich Gehalt, Weiterentwicklungsmöglichkeiten und Work-Life-Balance verbessert.[39]

In Deutschland lässt die *Great Resignation* noch auf sich warten. Aber das kann sich schnell ändern. Denn die Deutschen sind beruflich so wechselwillig wie seit Langem nicht: 14 Prozent sind aktiv auf der Suche nach einem neuen Job. Damit liegt dieser Wert in Deutschland sogar über dem aus den USA – zum ersten

Mal, seit die Studie vom Marktforschungsinstitut Gallup erhoben wird. »Das haben wir so in den letzten zwanzig Jahren noch nie gesehen«, sagt Pa Sinyan. Er ist bei Gallup für das Geschäft in Europa, dem Nahen Osten und Afrika zuständig. Momentan sei das mit dem Wechselwillen aber erst mal nur als eine Absichtserklärung zu sehen. »In den nächsten sechs bis 18 Monaten wird sich diese Absichtserklärung in einer echten Kündigungswelle zeigen«, sagt Sinyan. Die Bereitschaft der Arbeitnehmer*innen, ihren Job zu wechseln, nimmt nämlich deutlich zu. 18 Prozent wollen in drei Jahren sicher woanders arbeiten. Weniger als die Hälfte plant, in drei Jahren sicher noch im aktuellen Unternehmen zu sein. 2018 sagten das noch knapp zwei Drittel. Besonders wechselwillig ist, wer sowieso nur wenig Bindung zur eigenen Firma spürt.

Bei der Überlegung zu kündigen sind in Deutschland allerdings zwei andere Faktoren viel wichtiger als das Gehalt: Die Vorgesetzten und der Stress. »Das Thema Führung ist und bleibt der wichtigste Hebel dafür, ob jemand entscheidet, zu gehen oder zu bleiben«, sagt Sinyan. »Show me your boss, I'll show you your life.« Zeige mir deine Vorgesetzten, und ich sage dir, wie dein Leben ist. Wenn die Chef*innen gut seien, dann funktioniere auch alles andere.

Aber auch in der Gallup-Studie zeigt sich der zunehmende Stress: Das Gefühl des inneren Ausgebranntseins hat in den vergangenen Jahren deutlich zugenommen. 2021 sagten 38 Prozent der Befragten, dass sie in den letzten 30 Tagen das Gefühl hatten, wegen Arbeitsstresses innerlich ausgebrannt zu sein. Gleichzeitig hatten die Menschen während der Corona-Pandemie Zeit, um zu reflektieren: Kann und muss ich wirklich so weitermachen wie bisher? Sinyan nennt das *The Great Contemplation*, also das Große Nachdenken. Dieses Nachdenken betrifft auch den Wert von Arbeit generell: In der Studie wird abgefragt, ob Leute weiterarbeiten würden, wenn sie das nach einem großen

Erbe nicht mehr müssten. In den vergangenen 20 Jahren haben immer um die 70 Prozent gesagt: Klar, ich arbeite weiter, auch wenn ich super reich bin. 2016 waren es sogar 77 Prozent. Und 2021? Wollen nach dem vermeintlichen großen Erbe nur noch 61 Prozent weiterarbeiten. Die Bedeutung von Arbeit im Leben der Menschen: Sie sinkt.

HÄNDERINGEND STELLEN ZU BESETZEN

Wir haben also eine Situation, in der die Menschen müde und ausgebrannt sind und viele am liebsten gar nicht mehr arbeiten wollen. All das hängt ganz zentral mit einer anderen Entwicklung zusammen, die unsere Arbeitswelt in den kommenden Jahren prägen wird: Die Tatsache, dass wir bald nicht mehr genug Menschen haben werden, um all die Arbeit zu erledigen – zumindest wenn wir so weiterarbeiten wie bisher. So gut wie alle Arbeitgeber*innen suchen händeringend nach Leuten. Wir haben Fachkräftemangel, und zwar so richtig. 2019 waren 45,3 Millionen Menschen in Deutschland beschäftigt.[40] Das sind 95 Prozent des Erwerbspersonenpotenzials. Oder einfacher ausgedrückt: Fast alle, die können, arbeiten auch. Es wird für Arbeitgeber*innen damit gleichzeitig immer schwieriger, (die richtigen) Arbeitskräfte zu finden.

Es fehlt so ziemlich an allen:[41] Pflegekräfte, Ärzt*innen, Physiotherapeut*innen, Mitarbeitende im Rettungsdienst und in der Zahntechnik, Hebammen, Erzieher*innen und Lehrkräfte – also all diejenigen, die sich um unsere Kinder, Kranken und Alten kümmern, und auf die wir in den kommenden Jahren und Jahrzehnten noch stärker angewiesen sein werden. Es fehlen diejenigen, die unser Leben am Laufen halten: Berufskraftfahrer*innen, Fachkräfte in der Lebensmittelherstellung, der Landwirtschaft, der Backwarenherstellung, der Gastronomie. Und es fehlen diejenigen, die uns dabei helfen, die Energiewende voranzutreiben: Beschäftigte in der Baubranche, im Tiefbau, in Sanitär- und Heizungstechnik, im Fassaden- und Gleisbau; in typischen Handwerksberufen, in der Klempnerei, der Glaserei, der Zimmerei, der Dachdeckerei oder im Maurerhandwerk; und in der Energietechnik.

In vielen Ausbildungsberufen herrscht schon seit Jahren verstärkter Bedarf, aber es kommt kein Nachwuchs. 2021 konnten 42 Prozent der Ausbildungsbetriebe nicht all ihre Ausbildungsplätze besetzen. Mehr als ein Drittel der Betriebe mit offenen Ausbildungsplätzen hat keine einzige Bewerbung erhalten.[42] Die Corona-Krise hat die Situation in bestimmten Branchen noch komplizierter gemacht: Stellen wurden abgebaut, es wurde extrem gespart. Und jetzt wundern sich die Unternehmen, dass viele Beschäftigte anderswo untergekommen sind – und bei ihnen fehlen. Das hat sich in den vergangenen Monaten in zwei Bereichen ganz besonders deutlich gezeigt: in der Gastronomie und in den Flughäfen.

Wer heute durch Innenstädte läuft, sieht bei vielen Cafés, Restaurants und Bars Zettel im Fenster. Auf denen werden entweder Stellen in Küche und Service ausgeschrieben oder verkürzte Öffnungszeiten verkündet. Dieser akute Personalmangel ist eine direkte Konsequenz aus den Schließungen während Corona. Anfangs war alles dicht, Essen gab es höchstens zum Mitnehmen. Dann öffnete die Gastro langsam wieder, unter wechselnden Auflagen: Reservierungspflicht, Kontaktnachverfolgung, Apps, Abstandsregeln, Flächenbegrenzungen, Sperrstunde, 3G, 3G Plus, 2G, 2G Plus. So richtig blickte niemand mehr durch. Unsicherheit herrschte aber nicht nur bei den Gäst*innen, sondern auch beim Personal. Nur dass es bei ihnen die Unsicherheit war, ob ihr Laden überleben würde. 2021 hat das Gaststättengewerbe nämlich noch höhere Umsatzverluste gemacht als 2020.[43]

Kein Wunder also, dass bis September 2021 rund 100 000 Beschäftigte die Branche verlassen haben:[44] Studierende wohnten wieder bei ihren Eltern und nicht am Uni-Ort. Wer nur einen Minijob hatte, bekam kein Kurzarbeitergeld. Gleichzeitig reichte Kurzarbeitergeld, also 60 Prozent des Grundlohns, ohne Zuschläge oder Trinkgeld, vielen kaum zum Leben. Generell sind die Löhne in der Gastronomie oft niedrig: Das Gastgewerbe ist die Branche mit dem höchsten Niedriglohnanteil. Mehr als zwei Drittel der Beschäftigten, die in Vollzeit arbeiten, verdienen Niedriglöhne – also weniger als 60 Prozent des mittleren Einkommens.[45] Gleichzeitig ist die Arbeit anstrengend – das war auch schon vor Corona so. Viel Stress, schlechte Arbeitszeiten, man arbeitet, wenn andere frei haben. In der Küche ist der Ton oft rau, Sexismus ist keine Seltenheit. Für Kellner*innen wurde die Arbeit durch die Corona-Auflagen noch anstrengender: Wer hat schon Lust, immer wieder über Masken und Impfzertifikate zu diskutieren? Dazu kam das erhöhte Ansteckungsrisiko. Viele Beschäftigte wechselten deshalb in Branchen, die sicherer schienen: in Verkaufsberufe, in die Logistik, in den Bereich Unternehmensführung und -organisation, also zum Beispiel in Sekretariate.[46]

Dass es an Flughäfen Personalmangel gibt, wissen alle, die im Sommer 2022 mit dem Flieger unterwegs waren oder die *Tagesschau* geschaut haben. In ganz Europa herrschte Chaos. Ohne ausreichend Personal entstehen lange Schlangen beim Einchecken und bei der Sicherheitskontrolle, Gepäck wird nicht rechtzeitig eingeladen und Flugzeuge warten auf dem Rollfeld auf einen Platz am Gate. Es gibt Verspätungen und Flugausfälle. Dazu kommen Streiks und Ausfälle wegen Corona-Infektionen, die den Personalmangel noch verschärfen – vor allem, weil in vielen Ländern die Maskenpflicht an Bord gefallen ist. Allein in Deutschland fehlten laut einer Studie des Instituts der Deutschen Wirtschaft (IW) 7200 Beschäftigte an Flughäfen.[47] Auch hier lässt sich die Entwicklung mit der Corona-Pandemie erklären: Zu ihrem Beginn brach der Flugverkehr massiv ein. Fluglinien wie Lufthansa wurden von der Regierung gerettet, aber viele Mitarbeiter*innen verloren trotzdem ihre Jobs. Andere waren über Drittfirmen beschäftigt und bekamen keine Aufträge mehr. Schon vor Corona waren die Arbeitsbedingungen in der Flugbranche schwierig: Schichtarbeit, körperliche Anstrengung, niedrige Stundenlöhne, wenig Vereinbarkeit mit Familie und Privatleben. Wenn Personal fehlt, nimmt die Arbeitslast für die verbleibenden Beschäftigten zu. Wenn Flüge ausfallen und die Schlangen am Flughafen lang sind, sind die Passagier*innen gereizt – und lassen ihre schlechte Laune am Personal aus. Ein Teufelskreis, der dafür sorgte, dass sich die Lage an den Flughäfen immer weiter zuspitzte.

Eigentlich brauchen sich Arbeitgeber*innen nicht zu wundern, wenn ihnen die Leute weglaufen. Viele gestalten die Rahmenbedingungen für Arbeit so, dass man es niemandem verdenken kann, da nicht mitmachen zu wollen. Delta kündigte als erste US-Fluglinie im April 2022 an, Flugbegleiter*innen künftig auch für die Zeit des Boardings zu bezahlen. Zuvor wurden Flugbegleiter*innen nämlich erst bezahlt, sobald die Türen des Flugzeugs geschlossen waren.[48] Am Frankfurter Flughafen haben sich die Arbeitsbedingungen verschlechtert, seit der Flughafen 2001 teilprivatisiert wurde. Davor galt für Beschäftigte noch der Tarifvertrag des öffentlichen Dienstes. Dann wurden Bereiche wie Catering, Frachtabfertigung, Kanalreinigung oder Vorfeldkontrolle in Tochtergesellschaften ausgelagert, bei denen dieser Tarifvertrag nicht mehr gilt. Heute verdienen Mitarbeiter*innen auf dem Vorfeld, also diejenigen, die Flugzeuge be- und entladen und sich um die Gepäckabfertigung kümmern, rund 20 bis 30 Prozent unter dem Tarifvertrag des öffentlichen Dienstes. Dabei sind die Tätigkeiten gleich geblieben.[49] Da sollte es niemanden wundern, wenn es schwierig ist, diese Stellen zu besetzen. Fachkräftemangel entsteht eben auch, wenn Menschen so schlecht bezahlt werden, dass sie von ihrer Arbeit nicht leben können und deshalb die Branche wechseln. Eine kurzfristige Lösung für die deutschen Flughäfen sollte aus dem Ausland kommen. Die Bundesregierung plante, Personal aus der Türkei einzufliegen, um die Lücken zu füllen. Eine tolle Möglichkeit, um ihnen eine langfristige berufliche Perspektive zu bieten und die Einwanderung nach Deutschland zu ermöglichen, oder? Nein, es ging nur um befristete Arbeitsverträge von bis zu drei Monaten – genau zu der Zeit, in der diese Fachkräfte auch in der Türkei für die Hochsaison gebraucht wurden. Wirklich funktioniert hat der Plan nicht. Migration wurde hier als Pflaster gesehen, aber nicht als dauerhafte Möglichkeit, um den Fachkräftemangel zu bekämpfen. Dabei wäre eine echte Reform des Zuwanderungsgesetzes dringend nötig.

Denn was wir aktuell in einigen Branchen sehen, wird sich noch zuspitzen: Die geburtenstarken Jahrgänge der Babyboomer kommen langsam ins Rentenalter. Bis zum Jahr 2035 könnten 7,5 Millionen Menschen auf dem Arbeitsmarkt fehlen. Das Erwerbspersonenpotenzial – also die Zahl der Menschen, die theoretisch arbeiten können – könnte um 16 Prozent sinken. Dass der gestiegene Bedarf an Arbeitskräften in den vergangenen Jahren überhaupt gedeckt werden konnte, lag an drei Gruppen: Ältere, die länger arbeiten; Frauen, die verstärkt erwerbstätig sind; und Menschen, die aus dem Ausland zuziehen. Aber diese drei Gruppen können das Problem nicht unendlich lange lösen. Nicht alle älteren Menschen haben in der Rente noch Lust, Kraft und Gesundheit zum Weiterarbeiten. Damit mehr Frauen erwerbsarbeiten – und zwar nicht nur in Teilzeit –, bräuchte es bessere Kinderbetreuung und eine gerechtere Aufteilung von Sorgearbeit. Und auch Migration kann den Rückgang nicht stoppen: Von 1991 bis 2018 hat die Nettomigration die Gesamtbevölkerung im Schnitt nur um 0,4 Prozent pro Jahr erhöht.[50] Selbst ein reformiertes Zuwanderungsgesetz wird die Situation nicht ausgleichen, sondern höchstens den Sturz abfedern können.

Der Fachkräftemangel ist ein weiterer Grund dafür, dass wir dringend darüber nachdenken müssen, wie Arbeit künftig aussehen soll. Denn so weitermachen wie bisher ist alleine aus personellen Gründen nicht drin – vor allem, wenn diejenigen, die künftig arbeiten sollen, jetzt schon völlig fertig sind und keine Lust mehr haben.

In den kommenden Kapiteln möchte ich deshalb auf die Dinge schauen, die dazu führen, dass Arbeit für so viele Menschen nicht mehr funktioniert. Denn alles hängt miteinander zusammen: Wir sind müde, weil wir zu lange arbeiten. Wir arbeiten zu lange, weil wir keine klaren Regeln für die neue, oft mobile Arbeitswelt haben. Dass wir keine Regeln haben, führt dazu, dass wir die Probleme aus der alten Arbeitswelt kopieren – und so die Missstände noch verschärfen, wenn wir nicht aktiv dagegensteuern. Wir jonglieren Erwerbsarbeit mit Sorgearbeit, und am Ende fallen uns alle Bälle herunter. Und wenn wir nicht richtig aufpassen, haben wir am Ende eine Arbeitswelt, die noch ungerechter und schlechter für Klima und Menschen ist als bisher. Um all diese Themen wird es in den nächsten Kapiteln gehen – und um die Frage, wie wir es besser machen können.

TEIL 2

WAS WÄRE, WENN WIR ALLE WENIGER ARBEITEN?

Wir kennen also den Status quo: Wir sind erschöpft, haben keine

Lust mehr zu arbeiten, kündigen zuhauf unsere Jobs, was den Fachkräftemangel noch anheizt. Was wir jetzt brauchen, sind Lösungen: Wie können wir die Arbeitswelt so verändern, dass sie besser funktioniert – und zwar nicht nur für einige wenige, sondern für alle? In diesem zweiten Teil wird es um solche Lösungen gehen.

Ein wichtiger Faktor dabei ist Zeit. Wenn wir von Wohlstand reden, meinen wir damit in der Regel finanziellen Wohlstand: Wie viel Geld wir haben, wie viele Dinge wir besitzen. Aber was ist mit Zeitwohlstand? Einem Zustand, den der Soziologe Hartmut Rosa so beschreibt:»Wenn Menschen mehr Zeit haben, als für die Erledigung ihrer Pflichten erforderlich ist.«[51] Ähnlich wurde ursprünglich für den Acht-Stunden-Tag geworben: Acht Stunden für Arbeit, acht Stunden für Schlaf, acht Stunden für Freizeit. Aber dieses Versprechen hat sich schon längst aufgelöst. Die Arbeit hängt heute über all unserer Zeit – und die Zeit, die wir haben, versuchen wir mit möglichst viel vermeintlicher Produktivität zu füllen. Nach Wohlstand fühlt sich das nicht an. Aber was wäre, wenn wir das ändern würden?

Um den Fachkräftemangel – und alles andere, was mit Arbeit nicht stimmt – zu lösen, wird gerne mal eine bestimmte Idee eingeworfen. Häufig von Männern um die 60, die auf hohen Positionen in Politik und Verbänden sitzen. Sie sind sich sicher: Wir müssen einfach alle mehr arbeiten. Mit »alle« meinen sie in der Regel allerdings nicht sich selbst, sondern diejenigen, die in Krankenhäusern, Cafés und Flughäfen fehlen. Die Details ihrer Lösungen für Mehrarbeit variieren. Mal ist von der 42-Stunden-Woche die Rede, mal von mehr Überstunden, mal von einem späteren Renteneintritt. Aber der generelle Tenor ist klar: Wenn »diese jungen Leute« alle mal ein bisschen mehr arbeiten würden, dann hätten wir diese Probleme mit dem Fachkräftemangel nicht. Wer das nie gut findet: Die Leute, die tatsächlich länger und mehr arbeiten sollen – obwohl sie jetzt schon nicht mehr können.

Wie absurd diese Situation sein kann, zeigt ein Beispiel aus Baden-Württemberg. Dort gibt es zu wenig Lehrkräfte. Wie der Mangel ausgeglichen werden könnte? Ministerpräsident Winfried Kretschmann findet: Es arbeiten einfach viel zu viele Lehrerinnen in Teilzeit. Würden sie alle eine Stunde pro Woche mehr unterrichten, so Kretschmanns Lösung, würde das umgerechnet 1000 Stellen aufwiegen.[52] Die Diskussion ebbt kurz auf, verschwindet dann wieder. Ein paar Monate später, es sind Sommerferien in Baden-Württemberg. Und es gibt neue Schlagzeilen: 4000 befristet angestellte Lehrkräfte müssen sich über die Sommerferien arbeitslos melden. Ja, dieselben Lehrer*innen, die so dringend benötigt werden. So will das Land laut Kultusministerium Geld sparen.

Ich weiß, wir kennen das alte Klischee: Lehrer*innen haben morgens recht und mittags frei. Und in den Sommerferien sowieso. Aber das, was da in Baden-Württemberg passiert, ist einfach nur skurril. Neue Lehrkräfte, die erst ein Schuljahr lang angestellt waren, bekommen in den Sommerferien nur Arbeitslosengeld II – also Hartz IV oder mittlerweile Bürgergeld –, wenn sie in den letzten 30 Monaten nicht mindestens 12 Monate lang sozialversicherungspflichtig beschäftigt waren.[53] Ich kann es niemandem verdenken, nach der Aktion keine Lust mehr auf diesen Beruf zu haben. Vor allem, wenn man bedenkt, dass Lehrkräfte sowieso schon überarbeitet und gestresst sind: In der Schulzeit arbeiten sie im Schnitt mehr als 46,5 Stunden pro Woche – oft auch am Wochenende oder nachts.[54] Das Deutsche Schulbarometer 2022 zeigt: 84 Prozent der Lehrkräfte sind stark oder sehr stark belastet. Knapp die Hälfte leidet unter mentaler, fast zwei Drittel unter körperlicher Erschöpfung.[55] Viele schaffen es nicht mehr, sich in ihrer Freizeit von der Arbeit zu erholen. Der Stress beginnt übrigens schon bei angehenden Lehrkräften: Ein Viertel von ihnen leidet bereits im Referendariat unter Burnout-Symptomen, fast ein Drittel der Berufseinsteiger*innen verlässt die Schule in den ersten fünf Jahren wieder.[56] Vielleicht könnte man ja hier ansetzen, wenn es darum geht, den Lehrkräftemangel auszugleichen. Denn wenn es so weitergeht wie bisher, werden 2035 rund 24 000 Lehrkräfte fehlen – mindestens.[57]

Immer nur mehr arbeiten ist Quatsch. Denn all diese Vorstöße – von der 42-Stunden-Woche, den extra Überstunden und der Rente ab 70 – ignorieren eine Sache: Dass mehr Arbeiten nicht gesund ist und damit auch keine Lösung für den Fachkräftemangel. Denn wenn mehr Menschen krank und ausgebrannt ausfallen, ist das nicht nur teuer, sondern verschärft die Situation nur. Die viel bessere Lösung wäre das Gegenteil dieses Vorschlags: Wir sollten alle (viel) weniger arbeiten. Warum wir eigentlich immer noch standardmäßig die 40-Stunden-Woche haben, was es mit der Vier-Tage-Woche auf sich hat, wo kürzere

Arbeitszeiten bereits funktionieren und wie weniger Arbeit das Klima beeinflussen könnte, darum geht es in diesem Kapitel.

WENN ZU VIEL ARBEIT KRANK MACHT

Dass zu viel Arbeit krank macht, zeigen nicht nur die Zahlen über erschöpfte Lehrkräfte. Knapp zehn Prozent aller Menschen, die in Deutschland Vollzeit arbeiten, arbeiten mehr als 48 Stunden pro Woche. Auf fünf Tage verteilt sind das mehr als neuneinhalb Stunden pro Tag. Besonders lange arbeiten Selbstständige und Führungskräfte.[58] Und Menschen, die im Bereich Verkehr und Lagerei arbeiten, also zum Beispiel Lastwagen fahren oder Pakete ausliefern.[59] Knapp die Hälfte derjenigen, die mehr als 48 Stunden pro Woche arbeiten, leidet unter körperlicher Erschöpfung. Mehr als ein Drittel ist emotional erschöpft. Schlafstörungen und Niedergeschlagenheit kommen bei ihnen häufiger vor als bei Menschen, die 35 bis 40 Stunden pro Woche arbeiten. Auch verkürzte Ruhezeiten und reduzierte Pausen wirken sich negativ auf die Gesundheit aus. Das betrifft vor allem Menschen, die in Gastgewerbe, Gesundheitswesen sowie in Erziehungs- und Lehrberufen arbeiten.[60]

Zu viel Arbeit kann nicht nur krank machen, sondern tödlich sein. Im Japanischen gibt es sogar ein Wort dafür: *Karoshi* – Tod durch Überarbeitung. Für einen Suizid infolge von Überlastung gibt es ebenfalls einen eigenen Begriff: *Karōjisatsu*. Laut einer Schätzung der Weltgesundheitsorganisation WHO und der Internationalen Arbeitsorganisation ILO sind 2016 knapp 1,9 Millionen Menschen weltweit durch arbeitsbedingte Krankheiten und Verletzungen gestorben – das entspricht ungefähr der Bevölkerung Hamburgs. Insgesamt listet die ILO 19 Risikofaktoren auf, die zu arbeitsbedingten Todesfällen führen. Zu lange Arbeitszeiten sind der größte Risikofaktor und für etwa

750 000 Todesfälle verantwortlich. Überlange Arbeit erhöht das Risiko für Schlaganfälle und koronare Herzerkrankungen, die zu Herzinfarkten führen können.[61] »Es ist schockierend zu sehen, dass so viele Menschen wortwörtlich von ihren Jobs umgebracht werden«, sagt Tedros Adhanom Ghebreyesus, der Generaldirektor der WHO. Besonders viele Todesfälle wegen Überarbeitung gibt es in Südostasien und dem Westpazifik. Ihre Zahl steigt seit 2000 sogar an. In Europa ist die Zahl der Todesfälle im gleichen Zeitraum gefallen, aber auch hier sterben pro Jahr 2,6 von 100 000 Einwohner*innen an Überarbeitung.

Eines der krassesten Arbeitsmodelle, das auf strukturelle Überarbeitung ausgelegt ist, kommt aus China. Dort war in der Tech-Branche lange die 996-Arbeitswoche Standard: Von neun Uhr morgens bis neun Uhr abends, sechs Tage pro Woche. Zu dieser 72-Stunden-Woche kommt für viele noch die Pendelzeit. Der größte Fan von 996 dürfte Jack Ma sein. Er hat den Alibaba-Konzern gegründet und ist einer der reichsten Menschen der Welt. Er nannte es »einen großen Segen, 996 arbeiten zu können«. Schließlich hätten viele Menschen diese Möglichkeit gar nicht. Schon klar, Jack. Mittlerweile hat das oberste chinesische Gericht 996 für illegal erklärt.[62] Praktiziert wird es teilweise immer noch, aber es wird zumindest darüber diskutiert, ob es wirklich gesund sei, sich so kaputtzuarbeiten.

Vor allem jüngere Menschen stellen sich diese Frage. Als Resultat sind zwei Bewegungen entstanden, die gegen 996 und andere Formen der Überarbeitung protestieren: Die eine heißt *tang ping*, was übersetzt so viel heißt wie »Rumliegen«. Oft liest man auch den englischen Begriff: *Lying Flat*. Kündige deinen Job, mach mal Pause, lebe, statt zu arbeiten. Auch in China wird die arbeitende Bevölkerung älter. Wie stark diese Entwicklung die chinesische Wirtschaft verändern wird, zeigt der sogenannte Altenquotient. Er beschreibt das Verhältnis zwischen Menschen im Ruhestand und denen im erwerbsfähigen Alter. Im Jahr

2015 lag er in China bei 37,7: Auf 100 Menschen im erwerbsfähigen Alter kommen 37,7 Menschen ab 65 Jahren. Bis 2055 wird der Altersquotient auf 76,5 ansteigen.[63] Für Deutschland wird bis 2060 mit einem Altersquotienten von 63 bis 67 gerechnet.[64] Chinas Bevölkerung wird also sehr schnell sehr alt werden. Damit steigt der Druck auf junge Beschäftigte. Gleichzeitig sind sie es oft, deren Jobs besonders unsicher sind. Im Mai 2022 ist die Arbeitslosenrate unter 16- bis 24-jährigen Stadtbewohner*innen in China auf über 18 Prozent angestiegen. Selbst große Technologiekonzerne wie Alibaba und Tencent verhängen Einstellungsstopps oder entlassen Leute. Immer mehr Menschen fragen sich, ob ihre Jobs wirklich sicher sind – und das Versprechen von Reichtum und Wohlstand wirklich wahr. Deshalb zeichnet sich neben *tang ping* ein neuer Trend ab: *Bailan. Let it rot.*[65] Lass es verrotten. Die Situation ist hoffnungslos, also kann man sich dieser Hoffnungslosigkeit auch einfach hingeben. »*Tang ping* bedeutet, aufzuhören sich anzustrengen und aufzusteigen. Auf Flughöhe zu bleiben«, beschreibt es Journalist Chang Che.[66] »*Bailan* ist zynischer. Es bedeutet, das Lenkrad loszulassen und dabei zuzuschauen, wie die Dinge auseinanderfallen.« Häuserpreise sind zu hoch? Vergiss das mit dem Kaufen und finde dich mit den steigenden Mieten ab. Keine Chance, beruflich voranzukommen? Nimm extra Urlaub, hänge rum und enttäusche Leute.

Hier in Deutschland ist *Bailan* noch nicht angekommen, zumindest nicht als breiter Trend. Das liegt vermutlich auch daran, dass wir zwar viel arbeiten, aber von 996 doch weit entfernt sind. Die Vollzeit-Arbeitswoche in Deutschland ist im Schnitt 41 Stunden lang. Diese Zahl hat sich in den vergangenen 30 Jahren quasi nicht verändert – obwohl die Technologie heute viel weiter fortgeschritten ist.[67]

Oft wird bei der Diskussion um die Arbeitszeit ungefähr jetzt der mahnende Zeigefinger erhoben: Aber wir haben doch früher viel mehr gearbeitet! Das stimmt – zumindest, wenn wir in die jüngere Vergangenheit schauen. Zu Beginn des Deutschen Kaiserreichs haben Beschäftigte noch 72-Stunden-Wochen geschoben. Seit 1918 ist der Acht-Stunden-Tag gesetzlich vorgeschrieben. Damit kam zunächst die 48-Stunden-Woche. Für die Fünf-Tage-Woche hat der Deutsche Gewerkschaftsbund ab 1956 gekämpft. 1965 wurde in Deutschland in der Druckindustrie offiziell die 40-Stunden-Woche eingeführt, die Metallindustrie folgte zwei Jahre später, dann alle anderen.

Wenn wir über dieses »Früher« reden, wo so viel gearbeitet wurde, schauen wir allerdings auf die Zeit in der menschlichen Historie, in der so viel wie nie zuvor gearbeitet wurde: auf die Industrialisierung. Wir vergleichen uns, wie der Anthropologe James Suzman zeigt, mit dem absoluten Maximum. Denn wenn wir weiter zurückschauen, als Menschen noch als Jäger*innen und Sammler*innen unterwegs waren, wurde viel weniger gearbeitet: Geschätzt 17 Stunden pro Woche, um Essen zu besorgen, plus 20 Stunden pro Woche für andere Tätigkeiten, wie Essen zubereiten, Feuerholz sammeln, Lager aufbauen oder Werkzeuge herstellen. Auf heutige Begriffe umgemünzt könnte man sagen: Die 40-Stunden-Woche beinhaltete früher Erwerbsarbeit und Sorgearbeit.[68]

Und bei uns? Kommt auf die 40-Stunden-Woche Vollzeit noch die ganze Sorgearbeit drauf, das Kochen und Putzen und Um-die-Kinder-Kümmern. Diese Form von unbezahlter Arbeit, um die es später noch ausführlicher gehen wird, nimmt noch viel mehr Zeit ein als Erwerbsarbeit: Heute leisten wir in Deutschland pro Jahr inklusive Wegezeiten 66 Milliarden Stunden Erwerbsarbeit und 89 Milliarden Stunden unbezahlte Arbeit.[69] Die 40-Stunden-Woche wurde außerdem zu einem Zeitpunkt eingeführt, zu dem in der Regel die Männer zur Arbeit gegangen sind und Geld verdient haben, während die Frauen ihnen zu

Hause den Rücken freihielten. Heute sind viel mehr Frauen auf dem Arbeitsmarkt als früher: Frauen machen 46,6 Prozent der Erwerbstätigen in Deutschland aus, 75 Prozent der Mütter sind erwerbstätig – wenn auch größtenteils in Teilzeit.[70] Das bedeutet: Es hat oft niemand mehr den ganzen Tag Zeit, sich um Kinderbetreuung, Haushalt, Kochen, Einkaufen und all die andere Sorgearbeit zu kümmern.

Wenn also mehr Leute arbeiten und die Technologie besser geworden ist, warum arbeiten wir dann nicht weniger? Warum stecken wir immer noch in dieser 40-Stunden-Woche fest? Und wie können wir das ändern?

LÖST DIE VIER-TAGE-WOCHE ALL UNSERE PROBLEME?

Das ist eine Frage, die sich Menschen in immer mehr Ländern stellen. Die Vier-Tage-Woche, das wäre doch was! Großflächig angestoßen wurde diese Diskussion von der Fondsgesellschaft Perpetual Guardian in Neuseeland, die sechs Wochen lang getestet hat, wie das mit der Vier-Tage-Woche eigentlich funktionieren würde. Die Beschäftigten arbeiteten nur noch vier Tage pro Woche, bei gleicher Bezahlung. 32 Stunden pro Woche statt 40. Das Ergebnis: Die Angestellten waren produktiver und weniger gestresst. Der Umsatz blieb stabil, die Kosten wurden reduziert, weil weniger Energie verbraucht wurde. Win-win-Win. Der Test war so erfolgreich, dass die Arbeitszeit permanent reduziert wurde.

Andrew Barnes, Gründer von Perpetual Guardian, verschrieb sich dem Ziel, noch mehr Menschen von der Vier-Tage-Woche zu überzeugen. Er gründete die Organisation 4 Day Week Global mit, die jetzt weltweit Tests zur Vier-Tage-Woche organisiert. Zum Beispiel in Großbritannien: Von Juni bis November 2022, mit mehr als 3000 Beschäftigten aus über 70 Unternehmen und

30 Branchen. Dieses bislang weltgrößte Experiment zur Vier-Tage-Woche wird von Wissenschaftler*innen begleitet, um belastbare Ergebnisse zu erhalten. Die ersten Reaktionen sind positiv: Lisa Gilbert, Mutter eines Sohnes und pflegende Angehörige ihrer Eltern, nennt den zusätzlichen freien Tag »phänomenal«: Endlich könne sie ihr Wochenende genießen. Sie könne freitags alle anstehenden Aufgaben erledigen und habe dann mehr Zeit für ihre Familie.[71] Auch in anderen Ländern wird mit Arbeitszeit experimentiert: Spanien, Kanada und Südafrika testen ebenfalls, ob die Vier-Tage-Woche für sie funktionieren kann. In Litauen dürfen Eltern von Kindern unter drei Jahren ihre Arbeitszeit bei voller Bezahlung von 40 auf 32 Stunden reduzieren. In den Vereinigten Arabischen Emiraten wird nur noch viereinhalb Tage pro Woche gearbeitet. In Japan empfiehlt die Regierung, dass Unternehmen ihren Angestellten erlauben sollten, nur noch vier Tage pro Woche zu arbeiten. Firmen wie Microsoft und Yahoo tun das bereits. In Belgien wurde Anfang 2021 die Möglichkeit für eine Vier-Tage-Woche eingeführt – allerdings ohne Reduktion der Stunden. Aus dem Acht-Stunden-Tag wird so ein Zehn-Stunden-Tag. Über das belgische Modell will ich hier deshalb gar nicht sprechen, sondern über echte verkürzte Arbeitszeiten ohne Gehaltsverlust.

Als leuchtendes Beispiel dafür wird immer wieder Island genannt: Island hat mehrere Jahre lang mit 2500 Menschen in über 100 Arbeitsstätten getestet, wie sich eine reduzierte Arbeitszeit auf Menschen und Wirtschaft auswirkt. Ich telefoniere mit Guðmundur D. Haraldsson. Er ist Vorstandsmitglied bei Alda, der Association for Sustainable Democracy, die gemeinsam mit dem Thinktank Autonomy die Ergebnisse des Tests veröffentlicht hat.[72] Haraldsson beschäftigt sich seit der Finanzkrise mit Arbeitszeiten. Damals wurde in Island diskutiert, ob nicht alle mehr arbeiten oder später in Rente gehen sollten. Also ungefähr so, wie gerade auch in Deutschland. Haraldsson fand diese Diskussionen seltsam: »Warum sollten wir mehr arbeiten, wenn wir mehr und bessere Technologie haben? Das macht doch keinen Sinn.«

Dass kürzere Arbeitszeiten viele positive Effekte haben, war auch das Ergebnis des Tests in Island – der eigentlich aus zwei Tests bestand. 2015 startete die Stadtverwaltung in der Hauptstadt Reykjavík ihren Test: In einem Servicezentrum und in einem Jugendamt wurde die Arbeitszeit bei einem Teil der Belegschaft von 40 Stunden auf 35 oder 36 Stunden gekürzt. Das Gehalt blieb gleich. In den nächsten fünf Jahren wurden mehr und mehr Beschäftigte in den Test mit einbezogen, zum Beispiel Mitarbeiter*innen in Kindergärten oder Heimen für Menschen mit Behinderung. Das zeigte, dass verkürzte Arbeitszeiten nicht nur in Büros und Verwaltungen funktionieren, sondern auch in anderen Bereichen. Parallel – ab 2017 – startete ein zweiter Test bei der isländischen Regierung. Am Ende waren ungefähr 1,3 Prozent der isländischen Beschäftigten an den Tests beteiligt.

Die Ergebnisse waren eindeutig: Die Menschen waren weniger gestresst, hatten mehr Energie und konnten mehr Zeit mit Familie, Freund*innen, Sport und Hobbys verbringen. Auch zu Hause war es weniger stressig, es blieb mehr Zeit für den Haushalt, und Männer in heterosexuellen Beziehungen übernahmen mehr Sorgearbeit. Gleichzeitig blieben die Produktivität sowie das Serviceangebot in der Arbeit gleich hoch oder nahmen sogar zu. Wie genau das ausgestaltet wurde, unterschied sich je nach Arbeitsplatz: In Kitas beispielsweise gingen Angestellte nach einem rotierenden System früher in den Feierabend. Dies war möglich, weil die Kinder nach und nach abgeholt wurden, später am Tag also weniger Betreuungskräfte vor Ort gebraucht wurden. In einigen anderen Fällen mussten zusätzliche Fachkräfte eingestellt werden, etwa um Schichten im Gesundheitswesen weiterhin füllen zu können. Hierfür fielen zwar Kosten an, diese waren aber mit umgerechnet knapp 30 Millionen Euro pro Jahr überschaubar.[73]

Der Test in Island war so erfolgreich, dass mittlerweile fast alle Menschen dort kürzere Arbeitszeiten haben oder diese ihnen vertraglich zustehen. Dass die Arbeitszeit langfristig reduziert wurde, und dass die Tests überhaupt stattgefunden haben, haben die Isländer*innen ihren starken Gewerkschaften zu verdanken. Fast alle Beschäftigten in Island – zwischen 85 und 90 Prozent – sind Mitglied einer Gewerkschaft. »Gewerkschaften sind hier politische Akteure«, erklärt mir Haraldsson. Sie haben in den 1970er-Jahren die 40-Stunden-Woche durchgesetzt und die gesetzlich verankerte Elternzeit eingefordert. Sie verhandeln über Gehalt und Arbeitsbedingungen, und sie unterstützen ihre Mitglieder, wenn diese krank werden, ausgebrannt sind oder finanzielle Probleme haben. Einige Gewerkschaften stellen sogar günstige Ferienhäuser für ihre Mitglieder: »Ferienhäuser werden als Teil der Lebensqualität gesehen«, sagt Haraldsson. Es sei wichtig, dass man einen ordentlichen Urlaub machen könne, für einen vernünftigen Betrag. Der Mitgliedsbeitrag wird direkt vom Gehalt eingezogen, ungefähr wie die Kirchensteuer. Auch wenn jetzt die meisten Menschen in Island 35 oder 36 Stunden pro Woche arbeiten, ist das vermutlich noch nicht das Ende. Mittelfristig glaubt Haraldsson, dass die 32-Stunden-Woche das Ziel sein sollte.

WIE KÜRZERE ARBEITSZEITEN IN DER REALITÄT AUSSEHEN

Nicht nur Länder denken darüber nach, wie ein Leben mit weniger Arbeit aussehen kann, sondern auch Unternehmen.

Die Agentur von Lasse Rheingans sitzt in Bielefeld und heißt wie er: Rheingans GmbH. Beratung, Strategie, Design, Entwicklung – all die Dinge, die Rheingans macht, sind typische

Kreativarbeiten. Schreibtischjobs, wenn man so will. Gearbeitet wird hier allerdings nicht von früh bis spät, sondern nur fünf Stunden pro Tag: von acht bis eins, 25 Stunden pro Woche. Die Entscheidung für die kurze Arbeitswoche ist 2017 gefallen, als Lasse die Agentur übernommen hat. Er dachte darüber nach, wie sinnhaftes Arbeiten für ihn aussehen könnte und kam – inspiriert von einem US-Unternehmer – auf den Fünf-Stunden-Tag. »Ich habe gemerkt, dass man selbst als Chef immer wieder Pausen braucht, weil man nicht die ganze Zeit arbeiten kann«, erzählt er mir. Arbeit von acht Uhr morgens bis 19 oder 20 Uhr sei einfach nicht zielführend oder nachhaltig sinnvoll.

»Wir arbeiten fünf Stunden super effektiv«, sagt Lasse, »und haben so jeden Tag Zeit und Kraft für Hobbys und Privatleben.« Auch wenn sich die Arbeitszeit verkürzt hat, sind Gehalt und die Zahl der Urlaubstage gleich geblieben. Weil Lasse die Agentur übernahm, hatte er einen Vorteil: Als neuer Chef hatte er keinen der alten Prozesse eingeführt, seine Mitarbeitenden konnten also offen reden. Gemeinsam mit seinem Team überlegte er, wie die Arbeit in fünf Stunden passen würde: »Wo ist man abgelenkt? Welche Prozesse sind Mist?« Als Erstes ging es an die »low hanging fruit«, wie Lasse sagt, an die einfachen Fragen der Prozessoptimierung: E-Mails, Meetings, Nachrichten in Diensten wie Slack oder Teams, ständige Ablenkung. »Wie oft saßt du schon in einem Meeting, von dem du dir dachtest: Das hätte eine E-Mail sein können?«, fragt er mich. Alleine mit diesen veränderten Prozessen konnten schon zwei bis drei Stunden pro Tag eingespart werden. Außerdem gibt es regelmäßige Workshops, um herauszufinden, wo es noch besser laufen könnte – und ob alle weiterhin mit demselben Verständnis an die Arbeit herangehen.

Auch sonst hat sich seit 2017 einiges verändert. Zu Beginn der Corona-Pandemie schickte Lasse sein Team sehr früh ins Homeoffice: »Packt euch Laptops ein, Schreibtische, Stühle, Monitore, alles, was ihr braucht. Wir machen jetzt alles remote.« Wer zu

Hause Kinder betreute, arbeitete weniger. Auch er selbst war mit Homeschooling beschäftigt. Vor Schulschluss berufliche Termine wahrzunehmen, war kaum mehr möglich. Also musste umjustiert werden. »Allein mit dieser mentalen Stütze und wenig Druck ging es«, sagt er. Heute sieht er sich und sein Unternehmen in einer »Findungsphase«. Es sei schwieriger, remote zu arbeiten und die Arbeit trotzdem auf fünf Stunden zu begrenzen – auch weil alle arbeiten können, wann und wo sie wollen. »Wir müssen aufpassen, dass wir kein gelerntes Verhalten übernehmen, bei dem du dich kaputtmachst«, sagt Lasse. »Ich will, dass mein Team so wenig wie möglich arbeitet und gesund bleibt.«

Die Frage, wie Arbeit in seinem Beruf funktionieren kann, ohne die eigene Gesundheit zu zerstören, hat sich auch Martin Kammers gestellt. Er hat einen Job, mit dem man nicht einfach ins Homeoffice wechseln kann: Martin ist Bäcker und Konditor. Wir telefonieren an einem Montag. Eigentlich hat seine Bäckerei, die Bäckerei Kammers, heute geschlossen. Er war morgens trotzdem kurz da, Plunder machen. Aber erst, nachdem er ausgeschlafen hatte. »Für mich ist das nicht so, dass das eine Strafe ist«, sagt Martin. »Klar, ich muss da hin. Aber unterm Strich ist das eigentlich mein Hobby.« Mit dem Job als Bäcker hat er dieses Hobby zum Beruf gemacht. Eigentlich war Martin Bilanzbuchhalter in der EDV-Branche, gebacken hat er nur nebenbei. Bis er beschloss, den Bürojob zu schmeißen. »Man sieht bei der Büroarbeit kein wirkliches Erfolgsergebnis«, sagt er. »Das ist wie beim Friseur: Wenn man die Haare gut geschnitten hat, und der Kunde ist zufrieden, dann ist man auch zufrieden. Und das habe ich jetzt in der Bäckerei.«

Martin war 29, als er die Ausbildung zum Bäcker angefangen hat. Die Umstellung war heftig: Bei der ersten Bäckerei, in der er gearbeitet hat, fing die Schicht um halb eins nachts an – in diesem Beruf eine relativ normale Uhrzeit. Um mit der Schichtarbeit klarzukommen, spricht er mit Kolleg*innen. »Ich habe alles Mögliche ausprobiert«, erzählt Martin. Er schlief vor der Arbeit, nach der Arbeit. In einen guten Rhythmus kam er nicht. »Ich hatte ja auch noch die Berufsschule tagsüber. Das habe ich nur zwei, drei Wochen gemacht und dann gesagt, nee, das ist mir zu krass.« Er wechselte den Betrieb. Zurück ins Büro? Keine Option. Er habe sich geschworen, es müsse irgendeinen Weg geben, vernünftige Arbeitszeiten zu haben. Nach zwei Jahren hat er seinen Gesellenbrief, hängt direkt den Bäckermeister dran und geht danach ein Jahr auf Wanderschaft in verschiedene Betriebe. Über Weihnachten und Silvester ist er in einem Betrieb, »die haben teilweise schon um neun Uhr abends angefangen zu backen«, erzählt er. »Da geht es dann mittags erst ins Bett.« In einem anderen Betrieb »haben wir morgens um sieben angefangen, das war fast wie Urlaub«. Martin macht seinen Konditormeister und sucht dann nach einer eigenen Bäckerei, um endlich so zu arbeiten, wie er möchte.

Er findet sie in Kenzingen, eine halbe Stunde nördlich von Freiburg, nahe der französischen Grenze. Ich frage ihn, wann es bei ihm morgens losgeht. »Momentan fangen wir um 5:30 Uhr an«, sagt er. Um sieben macht der Laden auf. Das Frühstückssortiment ist da fertig: Brötchen, Plunder, Rosinen- und Nussschnecken, Dinkelseelen. Aber nicht alles liegt um sieben schon im Regal. »Manche Brote sind erst um halb neun fertig.« Zum Beispiel das Dinkel-Vollkornbrot, dessen Herstellung ein paar Stunden braucht. »Am Anfang haben die Kunden nachgefragt. Man hat gemerkt, die erwarten schon morgens das volle Sortiment«, sagt Martin. Aber mittlerweile habe es sich herumgesprochen, was es wann gibt. »Die gehen nicht woanders einkaufen, sondern sie kommen einfach später.« Ein Kunde habe ihm mal gesagt, er könne ja einfach früher anfangen. »Aber genau das will ich ja nicht«, sagt Martin. Klar, an den Prozessen könne man noch einiges optimieren, die Bäckerei ist schließlich noch neu. Aber früher anzufangen ist für ihn keine Option. Das finden auch die Bäcker*innen gut, die sich bei ihm bewerben:

»Denen gefällt es, dass wir wirklich handwerklich arbeiten, ohne Convenience, und zu vernünftigen Arbeitszeiten.«

Ein Problem gibt es allerdings, wenn im Bäckereihandwerk die Nachtarbeit wegfällt: das Geld. In Bäckereien, in denen klassisch nachts gearbeitet wird, gibt es Nachtzuschläge zwischen Mitternacht und vier Uhr morgens. »Das sind dann noch mal 600, 700 Euro jeden Monat, steuerfrei, bar auf die Hand«, sagt Martin. »Das gibt es bei mir nicht. Dafür habe ich einen höheren Grundlohn.« Einige Bäcker*innen hätten deshalb Stellen bei ihm abgelehnt.

Aktuell bewerben sich fast nur Frauen bei ihm. Vermutlich auch, weil Martin nicht nur auf lebensfreundlichere Arbeitszeiten setzt, sondern auch auf Flexibilität bei der Art der Anstellung. »Wenn jetzt eine Bäckerin kommen würde und sagen, ich kann an drei Tagen zwischen sechs und acht Uhr arbeiten, klar, warum nicht? Für mich spielt es keine Rolle, ob jemand Vollzeit arbeitet oder Teilzeit oder zwei, drei Stunden am Tag.« Er hat eine Stempeluhr, die er für alle Mitarbeiter*innen in der Bäckerei und im Verkauf nutzt. Damit könne er das alles genau abrechnen.

In anderen Bereichen, in denen längere Arbeitszeiten eigentlich zur Jobbeschreibung dazugehören, findet ebenfalls ein Umdenken statt. Das Berliner Sternerestaurant einsunternull hat nur noch vier Tage pro Woche geöffnet, von Freitag bis Montag. Das Personal bekommt den gleichen Lohn wie vorher. Das Ganze hat laut Küchenchef Silvio Pfeufer mehrere Vorteile: Wenn das Restaurant offen ist, ist es voll belegt. Den Angestellten geht es besser. Und mit den reduzierten Stunden ist erstmals eine faire Entlohnung möglich, da zuvor nie für die komplette Arbeit bezahlt werden konnte. »Alle Restaurantbetreiber sollten sich fragen: Wie kann ich für meine Angestellten mehr tun, ohne dem Betrieb zu schaden?«, sagt Pfeufer. »Auch wir haben uns das gefragt und sind zu dem Schluss gekommen: Mehr bezahlen geht nicht – dann müssen wir eben einen zeitlichen

Ausgleich schaffen.«[74] Andere Unternehmen aus Gastronomie und Hotellerie experimentieren ebenfalls mit der Vier-Tage-Woche: Das Dorint-Hotel in Alzey/Worms zum Beispiel, wo die Vollzeit jetzt einen Tag kürzer ist. Im Handwerk wird die Vier-Tage-Woche auch genutzt, um Nachwuchskräfte anzuziehen: Im Betrieb von Klempnermeister Alfred Keller aus Überlingen ist freitags frei. Das hilft ihm auch dabei, Azubis zu finden. Auf seine drei ausgeschriebenen Stellen hatte er 2022 entgegen dem Trend etwa zehn Bewerber*innen.[75]

Übrigens hat die 30-Stunden-Woche auch früher schon mal funktioniert: Will Keith Kellogg – ja, der von den Cornflakes – hatte in den 1930er-Jahren die zu diesem Zeitpunkt bereits ungewöhnliche 40-Stunden-Woche seiner Fabrikarbeitenden auf 30 Stunden reduziert. So konnte er zu einer Zeit von hoher Arbeitslosigkeit eine komplette neue Schicht schaffen – und damit neue Vollzeit-Stellen. Die Umstellung war erfolgreich: Betriebsunfälle gingen zurück, der Umsatz blieb hoch. 1935 gab Kellogg sogar damit an, dass sie es sich leisten konnten, ihre Leute für sechs Stunden pro Tag so gut zu bezahlen wie vorher für acht. Erst in den 1950er-Jahren wurde in seinen Fabriken wieder die 40-Stunden-Woche eingeführt – weil sich die Beschäftigten dafür aussprachen. Sie wollten mehr Geld verdienen.[76]

MEHR ZEIT FÜR ECHTE ARBEIT

In vielen Berufen bringt die verkürzte Arbeitszeit die Chance mit sich, neu darüber nachzudenken, wie eigentlich gearbeitet wird. Denn nicht immer wird die Zeit am Arbeitsplatz so sinnvoll eingesetzt, wie sie eingesetzt werden könnte. Da gibt es einerseits die Aufgaben, die den Kern der Arbeit ausmachen und unbedingt erledigt werden müssen. Andererseits gibt es die

Dinge, die oft sogar mehr Raum und Zeit einnehmen als die eigentliche Arbeit – und die wir teilweise tun, um beschäftigt zu wirken und so, als ob wir gute Arbeit leisten. Wie viele Meetings braucht es an einem Tag – und sind sie wirklich ein wichtiger Teil der eigentlichen Arbeit? Dasselbe gilt auch für E-Mails: Permanent online zu sein und eine Mail nach der anderen zu schicken, das hat oft wenig mit der echten Arbeit zu tun.

Das ist kein individueller Vorwurf: Wenn alle anderen so arbeiten, tut man selbst es automatisch auch. Wenn wir über produktiveres Arbeiten sprechen, geht es nicht darum, mehr Produktivität aus überarbeiteten Menschen rauszupressen. Es geht stattdessen um die Art, *wie* wir arbeiten. Um die Prozesse. Das gilt besonders für die Wissensarbeit, und damit für alle Jobs, die hauptsächlich vorm Computer erledigt werden.

Dort wird die eigentliche Arbeit ständig unterbrochen: von E-Mails, Chat-Nachrichten bei Diensten wie Slack oder Teams, oder Kalendereinladungen, die zum nächsten Meeting rufen.

Autor Cal Newport nennt diese Art zu arbeiten das »hyperaktive Schwarmdenken«: Wir strukturieren unseren Arbeitstag nicht um unsere eigenen Aufgaben herum. Stattdessen geben E-Mails und andere Formen der digitalen Kommunikation den Takt vor. Das allerdings ist kontraproduktiv, denn es sorgt dafür, dass wir ständig abgelenkt sind. Diese Form von Arbeit ist extrem fragmentiert: Wir wechseln ungefähr alle elf Minuten von einer Aufgabe zur nächsten.[77] Das liegt auch an der Menge an digitaler Kommunikation: Bei durchschnittlichen Wissensarbeiter*innen trudelt alle vier Minuten eine neue E-Mail ein.[78] Eine Studie zeigt, dass mehr als 80 Prozent der Teilnehmer*innen ihre Inbox im Hintergrund offen haben und 70 Prozent ihre E-Mails in den sechs Sekunden öffnen, nachdem sie angekommen sind. Mehr als zwei Drittel der Beschäftigten haben laut einer Studie nie eine Stunde oder länger am Stück ununterbrochene Arbeitszeit.[79] Diese Unterbrechungen stressen und frustrieren uns allerdings. Dabei gibt es einfache Methoden, das zu ändern: Wenn Mitarbeitende feste Zeiten haben, in denen sie sich komplett von ihren Mails und Smartphones abkoppeln können, sind sie zufriedener – und fühlen sich produktiver. Wenn wir nicht mehr versuchen, mit unserem Computer Schritt zu halten, geht es uns besser.[80]

Also warum hören wir nicht einfach damit auf? Mit Aufhören meine ich übrigens nicht, dass einzelne Mitarbeiter*innen besser darin werden sollen, Nachrichten zu ignorieren. Stattdessen sollten wir kollektiv überdenken, wie wir mit dieser Form der digitalen Kommunikation umgehen. Denn schnell eine Nachricht zu tippen, wenn es mir gerade passt, ist unfassbar einfach. Theoretisch ist die Kommunikation per E-Mail asynchron, es muss also niemand direkt reagieren. Aber zum einen fühlen sich Mails oft wie synchrone Kommunikation an, auf die man schnell antworten muss. Außerdem wird es durch die Fülle an Mails sehr einfach, im eigenen Postfach unterzugehen. Mit Nachrichtendiensten wie Slack oder Teams, die die Kommunikation noch mal schneller und wieder synchroner machen, ist es ähnlich: Ich erinnere mich an Tage, an denen ich nur kurz Slack geschlossen hatte und beim erneuten Öffnen komplett überfordert war von all den ungelesenen Nachrichten, die auf mich warteten.

Newport glaubt deshalb, dass wir anders mit unserer Aufmerksamkeit umgehen müssen. Die Produktivität in der Wissensarbeit könne massiv gesteigert werden, schreibt er, wenn wir Arbeitsabläufe schaffen, die besser zum menschlichen Gehirn passen.[81] Bei Lasse Rheingans in der Firma zum Beispiel lag der Fokus auf drei Themen: E-Mails, Meetings und Slack. »Wir müssen in der heutigen Zeit ja wenig stumpf abarbeiten, dafür haben wir KI oder Automatisierung. Stattdessen müssen wir schlaue Sachen tun, für die wir unseren Geist brauchen«, sagt er mir. »Wenn du teilweise in komplexen Prozessen bist, wo du nachdenken musst, und alle zehn Minuten kriegst du wieder eine E-Mail, dann wirst du immer herausgerissen.« Deshalb wurde in Lasses Agentur Slack abgeschafft, zu Meetings kommt nur noch, wer wirklich da sein muss, und E-Mails werden nicht mehr alle fünf Minuten gecheckt. Damit das funktioniert, muss allerdings das ganze Unternehmen mitmachen.

In vielen Unternehmen allerdings sind die Abläufe unantastbar – egal ob sie gut funktionieren oder nicht. »Das haben wir doch schon immer so gemacht«, heißt es dann gerne. Dabei wissen Mitarbeiter*innen oft ganz genau, was ineffizient läuft oder wo sie Zeit verschwenden. Was automatisiert werden kann, sollte nicht manuell erledigt werden. Wenn Prozesse klar aufgeteilt werden, ist auch weniger Kommunikation nötig, um den 67 Prozess selbst zu klären.

Auch an anderen Stellen lässt sich Zeit sparen: Dass Meetings heute oft eine Standardzeit von 30 oder 60 Minuten haben, liegt nicht daran, dass man eben über jedes Thema genau eine Stunde lang reden muss. Sondern es ist die Länge, die standardmäßig in Kalender-Apps vorgegeben wird.[82] Dabei hätten es oft auch zehn Minuten getan.

Das ist einer der Vorteile der verkürzten Arbeitszeit: Sie zwingt uns dazu, ganz genau darüber nachzudenken, wie wir unsere Zeit verbringen, und kollektiv zu überlegen, wie Technologie uns unterstützen kann, statt uns ständig abzulenken. Diese Art von Verdichtung der Arbeit kann dann sogar positiv sein. Denn die Produktivitätssteigerung wird nicht aus den Menschen herausgepresst, sondern aus den Prozessen und der Technologie.

Natürlich lassen sich nicht alle Berufe so verdichten. Das gilt vor allem da, wo Schichtpläne gefüllt werden müssen, wie in der Gastronomie und Hotellerie oder in der Pflege. Teilweise müssen neue Leute eingestellt werden, um Lücken zu füllen, die durch kürzere Arbeitszeiten entstehen. Das ist aber auch richtig so – und die Investition sinnvoll, wie sich in Island gezeigt hat. Berufe, die sich in den vergangenen Jahren und Jahrzehnten bereits bis zum Zerreißen verdichtet haben, können jetzt nicht noch weiter zusammengepresst werden: Pflege, Lehre, Erziehung, aber auch die Arbeit in Fabriken. Oft wird hier schon deutlich mehr gearbeitet als eigentlich gut für die Beschäftigten wäre.

Kürzere Arbeitszeiten haben in diesen Branchen natürlich trotzdem Vorteile: Sie sorgen dafür, dass überarbeitete Beschäftigte mehr Chance auf Erholung haben und so weniger schnell krank werden. Die Zufriedenheit steigt, genau wie die Attraktivität des Unternehmens. Und selbst wenn die Kosten für mehr Personal steigen: Sie werden zum Teil schon dadurch ausge-

glichen, dass weniger Personal durch Krankheit, Burnout oder häufige Wechsel in der Belegschaft ausfällt.

FREITAGS HAT MAMA AUCH MAL FREI

In Deutschland sind – wie in Island auch – Gewerkschaften ein wichtiger Teil im Kampf um reduzierte Arbeitszeiten. Mit dem Slogan »Samstags gehört Vati mir« hat der Deutsche Gewerkschaftsbund einst die 40-Stunden-Woche gefordert. 1956 lief dieser Satz in Werbefilmen im Fernsehen, in den 1960er-Jahren wurde dann die kürzere Arbeitszeit eingeführt.

Und wer startet jetzt die Aktion »Freitags hat Mama auch mal frei«? Denn wir kennen es alle: Beim Zwei-Tage-Wochenende wird samstags geputzt, eingekauft und andere Hausarbeit erledigt. Sonntag ist dann frei – aber spätestens am Sonntagabend denkt man schon wieder über den Montag nach. Ein freier Freitag würde das entzerren und für mehr echte Erholungszeit sorgen.

Doch es muss gar nicht zwingend der freie Freitag sein: In Island gibt es verschiedene Modelle, wie die verkürzte Arbeitszeit umgesetzt wird. Teilweise beginnen und/oder enden Schichten früher. In Kindertagesstätten gehen Angestellte nach einem ro-

tierenden System nacheinander in den Feierabend. In einer Poli-
zeistation gibt es ein Zwei-Wochen-System: In der ersten Woche
fällt für die eine Hälfte der Angestellten montags bis donners-
tags eine Arbeitsstunde weg, freitags geht's vier Stunden früher
ins Wochenende. Diese erste Woche ist so acht Stunden kürzer, in der zweiten Woche wird dafür normal lange gearbeitet.
Die andere Hälfte der Angestellten arbeitet im gegensätzlichen
Rhythmus. Die Regeln können flexibel gestaltet werden, sodass
sie zum Arbeitsplatz und den jeweiligen Aufgaben passen.

Auch bei den Aufgaben wird an unterschiedlichen Stellen reduziert: Meetings werden gekürzt oder gestrichen. An einem Arbeitsplatz wurden Meetings nach 15 Uhr komplett abgeschafft.
Aufgaben werden stärker priorisiert, delegiert oder umverteilt.
In Kitas machen die Kinder nicht mehr gleichzeitig Mittagspause, sondern nacheinander in Gruppen. In vielen Betrieben
wurden gemeinsam mit den Mitarbeitenden Modelle entwickelt, wie die verkürzte Arbeitszeit für sie am besten funktionieren kann. Eine kollektive Anstrengung, keine von oben auf-
erlegte Entscheidung der Führungskräfte. »Die Denkweise ist:
Wir haben die Aufgabe angenommen, an diesem Arbeitsplatz
die Arbeitszeit zu reduzieren. Wie machen wir das?«, sagt Haraldsson. Ja, die Arbeitszeit ist kürzer. Aber das bedeutet nicht,
dass es keinerlei Flexibilität gibt, wie sie gestaltet wird.

2020 hat sich Jörg Hofmann, der Vorsitzende der IG Metall, in
einem Interview mit der *Süddeutschen Zeitung* für die Vier-Tage-
Woche ausgesprochen: »Die Vier-Tage-Woche wäre die Antwort
auf den Strukturwandel in Branchen wie der Autoindustrie«,
sagte er. »Transformation darf nicht zur Entlassung, sondern
muss zu guter Arbeit für alle führen.«[83]

Aber wie ist die Lage seitdem? Ich spreche mit Sophie Jänicke,
die im Bereich Tarifpolitik der IG Metall arbeitet. Das Thema
Arbeitszeit ist ihr »persönliches Steckenpferd«. Die IG Metall

ist die größte Gewerkschaft Deutschlands. Sie hat 2,2 Millionen Mitglieder in Branchen wie Automobil, Bahn, Luftfahrt, Schiffsbau, Maschinen- und Anlagebau, Elektro, Stahl, Holz, Textil und Handwerk. In den 1980er-Jahren hat die Gewerkschaft in Westdeutschland für die Mitarbeiter*innen in der Metall- und Elektroindustrie die 35-Stunden-Woche durchgesetzt. Ein Teil der Beschäftigten arbeitet in Schichten, andere sitzen im Büro: Ingenieur*innen, Techniker*innen, Büroangestellte.

Das führt zu unterschiedlichen Bedürfnissen bei der Arbeitszeit, wie eine große Umfrage der IG Metall unter 680 000 Beschäftigten in ihren Branchen im Jahr 2017 gezeigt hat. Wer in Schichtarbeit tätig ist, braucht mehr Entlastung. Beschäftigte mit Kindern oder pflegebedürftigen Angehörigen haben einen erhöhten Zeitbedarf. Generell wollen die Beschäftigten mehr Selbstbestimmung, um ihre Arbeitszeit besser an ihr Leben anpassen zu können. Sie wollen Planbarkeit statt kurzfristiger Änderungen. Sie wollen nicht zu viel arbeiten – ab 41 Stunden pro Woche steigt die Unzufriedenheit deutlich. »Die Beschäftigten sind bereit, flexibel zu arbeiten – wenn das keine Einbahnstraße ist«, sagt Jänicke. »Sie wollen die Flexibilität auch zurückbekommen, wenn sie sie brauchen.«

Wie das konkret aussehen kann, zeigt der Tarifvertrag von 2018. Die erste Komponente ist die sogenannte verkürzte Vollzeit. Beschäftigte können auf eine 28-Stunden-Woche umsteigen, ohne Lohnausgleich, mit einem Rückkehrrecht zum Vollzeit-Job. Seit 2019 ist die sogenannte Brückenteilzeit gesetzlich verankert, mit der Beschäftigte für ein bis fünf Jahre ihre Arbeitszeit reduzieren und danach wieder auf ihre normale Arbeitszeit zurückkehren können. Die zweite Komponente ist deshalb heute relevanter, und laut Jänicke auch beliebter. Mit ihr lässt sich Geld in Zeit umwandeln. Neben Weihnachts- und Urlaubsgeld steht im Tarifvertrag das tarifliche Zusatzgeld, das einmal pro Jahr gezahlt wird. Für die meisten Beschäftigten sind das ungefähr

1000 bis 1200 Euro. Bestimmte Gruppen – die mit mehr Zeit-bedarf – können dieses Zusatzgeld gegen acht zusätzliche freie Tage pro Jahr eintauschen. Das gilt für Beschäftigte mit Kindern oder pflegebedürftigen Angehörigen sowie für Beschäftigte, die in Schichten arbeiten. Gewählt werden kann jedes Jahr neu. »Ich kann so selber entscheiden, was mir gerade wichtiger ist«, sagt Jänicke. »Es ist völlig normal, dass Geld vielleicht wichtiger ist, wenn jemand das Haus abbezahlen möchte. Und wenn jemand kleine Kinder hat, ist die Zeit mit der Familie wichtiger.« Gerade bei den Schichtbeschäftigten sei die Zeitoption beliebt.

Reduzierte Arbeitszeit kann außerdem dabei helfen, Arbeits-plätze zu sichern. In den Branchen der IG Metall tut sich ge- rade viel: Aus Verbrennern werden E-Autos, die Luftfahrt muss sich verändern, der Maschinenbau auch. Die Wahloption zwi-schen Zeit und Geld kann deshalb von Unternehmen kollek-tiv genutzt werden, um keine Leute entlassen zu müssen: Alle Beschäftigten bekommen dann die acht extra Urlaubstage statt des Zusatzgelds. »Davon haben alle profitiert«, sagt Jänicke. »Die Beschäftigten hatten zusätzliche freie Tage. Und die Un-ternehmen mussten das zusätzliche Geld nicht zahlen, konnten Arbeitszeit sparen und Kapazität rausnehmen, ohne Arbeits-plätze abzubauen.« Die Bedingung für solche Modelle ist na-türlich, dass das Gehalt am Ende weiterhin zum Leben reicht: Die Tariflöhne müssen also hoch genug sein, um das abzufedern.

AUCH DAS KLIMA WILL, DASS WIR WENIGER ARBEITEN

Dass eine reduzierte Arbeitszeit in Krisenzeiten eine Lösung sein kann, um Arbeitsplätze zu halten, ist übrigens nicht neu. 2011 steckte Europa in der Schuldenkrise. Zu diesem Zeitpunkt schreibt die US-amerikanische Ökonomin und Soziologin Ju-liet Schor: »Ohne den Fortschritt der kürzeren Arbeitswoche,

Urlaubstage, früheren Renteneintritt und späteren Eintritt in den Arbeitsmarkt hätten die Wirtschaftsnationen der OECD nie ein ›Goldenes Zeitalter‹ von hoher Arbeitsmarktbeteiligung erreicht, das nach der Depression der 1930er-Jahre vorherrschte.« Zwischen 1870 und 1970 hätten sich die gesamten Arbeitsstunden in etwa halbiert. »Wir brauchen kürzere Arbeitszeiten, weil es unrealistisch ist, auf ein Wachstum des Bruttoinlandsproduktes zu setzen, um all den aktuellen und künftigen ›Überschuss‹ an Arbeit aufzufangen«, schreibt Schor. Oder anders gesagt: Wir können nicht damit rechnen, dass die Wirtschaft immer und immer weiter wächst. Alleine aus klimatischen Gründen wird es hier eine Umkehr geben müssen. Klassischerweise würde das zu steigender Arbeitslosigkeit führen. Wenn wir davon ausgehen, dass künftig weniger Arbeit zu verteilen ist, brauchen wir andere Methoden, um das abzufedern – und eine reduzierte Arbeitszeit ist ein sinnvolles Modell.

In ihrem TED-Talk spricht sich Schor deshalb für die Vier-Tage-Woche aus.[84] Es sei nicht möglich, CO_2-Emissionen ausreichend zu senken, ohne die Arbeitszeit in Industrienationen zu reduzieren. Wer weniger arbeitet, pendelt auch weniger. Und: »Wenn Menschen Zeit statt Geld kriegen«, so Schor, »haben sie tendenziell einen kleineren CO_2-Fußabdruck.« Außerdem verringert sich mit der Arbeitszeit die Größe der gesamten Wirtschaft. Wenn wir Arbeitslosigkeit niedrig halten, Emissionen reduzieren und Menschen mehr Lebensqualität geben, so Schor, gewinnen wir durch die Vier-Tage-Woche dreifach.[85]

Damit das richtig funktioniert, braucht es allerdings eine bessere Verteilung von Geld – und eine andere Wahrnehmung von Wohlstand. Zeitwohlstand eben. »Zeit ist besonders wertvoll in reichen Ländern, in denen die materiellen Bedürfnisse aller befriedigt werden können, und in denen Mangel allein von schlechter Verteilung von Einkommen und Reichtum verursacht wird«, schreibt Schor.[86] Oder anders gesagt: Dass nicht alle genug Geld haben, ist ein Verteilungsproblem. Das muss gelöst werden – etwa indem kürzere Arbeitszeiten finanziell ausgeglichen werden, wie es bei den meisten Tests zur Vier-Tage-Woche auch geschieht. Die Arbeitszeit sinkt, das Gehalt bleibt gleich.

Das ist auch gut fürs Klima: Diverse Studien zeigen den Zusammenhang zwischen reduzierter Arbeitszeit und Klimaschutz.[87] Wird die Arbeitszeit reduziert, sinken Energienutzung und Treibhausemissionen. Wenn nicht gearbeitet wird, bleiben Büros und Fabriken dunkel, es muss nicht geheizt werden, die Computer bleiben aus. Würde der Freitag als Arbeitstag abgeschafft, könnten die Treibhausgasemissionen in Großbritannien bis zum Jahr 2025 um fast 20 Prozent reduziert werden.

Wenn wir mehr Zeit haben, treffen wir außerdem umweltfreundlichere Konsumentscheidungen. Auch in dieser Hinsicht hätten kürzere Arbeitszeiten also positive Auswirkungen. Wie eine Studie aus dem Jahr 2019 zeigt, haben US-Haushalte, in denen mehr Stunden gearbeitet wird, einen signifikant größeren CO_2-Fußabdruck.[88] Je höher die Arbeitszeit, desto mehr verdienen Menschen, desto mehr konsumieren sie. Wer mehr arbeitet, fährt eher mit dem Auto statt mit dem öffentlichen Nahverkehr. Wer mehr arbeitet, lebt in größeren Häusern oder Wohnungen mit höherem Energieverbrauch, und besitzt mehr Geräte wie Trockner, Mikrowelle oder Spülmaschine, mit denen Zeit gespart werden kann. Je mehr jemand arbeitet, desto häufiger isst diese Person auswärts und kauft mehr Fleisch und gefrorene Lebensmittel – mit höherem ökologischem Fußabdruck.[89] Das ist vor allem dann problematisch, wenn der finanzielle Grundbedarf gedeckt ist, und es nur noch darum geht, immer mehr zu verdienen, um immer mehr klimaschädlichen Konsum anzuhäufen. Es geht nicht darum, alles zu verbieten, sondern da anzusetzen, wo Ressourcen gespart werden können. Indem sich eben nicht diejenigen einschränken, die sowieso schon wenig Ressourcen verbrauchen, sondern diejenigen, die deutlich mehr als den Anteil verbrauchen, der ihnen eigentlich zustünde.

Wenn wir mehr Zeit haben, verbringen wir diese Zeit mit Aktivitäten, die nicht nur gut fürs Klima sind, sondern auch gut für uns: Mehr Zeit mit der Familie, mehr Ruhe, mehr Sport. Auch kulturelle und ehrenamtliche Aktivitäten nehmen zu. Als in Frankreich die Arbeitszeit auf 35 Stunden reduziert wurde, sagten nur drei Prozent der Beschäftigten, dass sie mehr reisen, und zwei Prozent, dass sie mehr kaufen und konsumieren.[90] Dass wir andere Entscheidungen treffen, wenn wir mehr Zeit haben, haben wir auch zu Beginn der Corona-Pandemie gesehen. Nein, ich will Lockdowns nicht mit verkürzter Arbeitszeit vergleichen. Aber als wir kollektiv mehr Zeit (und weniger Alternativen) hatten, haben auf einmal viele Sauerteigbrot gebacken. Wir sind laufen oder spazieren gegangen oder haben daheim den Balkon neu gemacht. Wir haben mit Freund*innen gezoomt und mit Oma telefoniert. Okay, und wir haben *Tiger King* auf Netflix geschaut. Viele dieser Aktivitäten sind deutlich klimaschonender als das, womit wir unsere Freizeit verbringen, wenn wir überarbeitet sind: Dann fahren wir eher spät abends von der Arbeit mit dem Auto zum Supermarkt, um uns eine Tiefkühlpizza mit extra viel Salami zu kaufen und vor der Playstation zu essen.

DER TRAUM VON DER TECHNOLOGISCHEN ARBEITSLOSIGKEIT

Wollte Deutschland nur mit der Reduktion von Arbeitszeit das wenig ambitionierte Minimalziel des Pariser Klimaabkommens – zwei Grad Erderwärmung – einhalten, dürften wir nur noch sechs Stunden arbeiten. Pro Woche.[91] Damit sind wir ungefähr bei der Utopie, von der Ökonom John Maynard Keynes schon im Jahr 1930 sprach. In 100 Jahren, glaubte er damals, hätte die Menschheit das ökonomische Problem gelöst. Dann hätten alle genug zum Leben. Der Lebensstandard werde vier- bis achtmal so hoch sein und wir »werden alle von einer neuen Krankheit befallen«, nämlich von der technologischen Arbeitslosigkeit. [92] Die 100 Jahre sind fast um, 2030 steht quasi vor der Tür. Und wir? Schauen uns um und stellen fest: Der Lebensstandard ist hoch, die Technologie vorangeschritten, aber die technologische Arbeitslosigkeit fühlt sich weit weg an. Keynes nahm an, dass es 2030 kaum noch Arbeit geben würde. Wir würden nur noch 15 Stunden pro Woche arbeiten – oder drei Stunden pro Tag. Ein Zeitalter der Freizeit und der Fülle ohne Furcht stünde uns bevor.

Es ist ein anderer Blick auf technologische Arbeitslosigkeit als der, den wir meistens hören. Vergesst die Schlagzeilen, in denen es heißt: »Millionen Jobs von Robotern bedroht!« Stattdessen sollte es viel eher heißen: »Juhu, die Roboter nehmen uns die Arbeit weg!« Aber woher kommt diese Angst überhaupt, dass wir alle die Arbeit verlieren könnten, nur weil die Technik um uns herum besser wird? Die Angst vor der technologischen Arbeitslosigkeit ist uralt, deutlich älter als Keynes. Schon Aristoteles schrieb in seinem Werk »Politik«:

Denn wenn es möglich wäre, dass jedes Werkzeug auf Geheiss oder vorbewusst sein Werk vollbringen könnte, wie angeblich die Statuen des Dädalos oder die Dreifüsse des Hephästos, von denen der Dichter sagt, dass sie von selbst sich in die Versammlung der Götter begeben hätten und wenn so auch das Weberschiff von selbst webte und die Zither von selbst spielte, so bedürften weder die Künstler der Gehülfen, noch die Herren der Sclaven. [93]

Die britische Königin Elisabeth I. lehnte es im 16. Jahrhundert ab, das Patent für den Webstuhl zu genehmigen, weil sie Angst hatte, dass sich die Strümpfestricker*innen dann nicht mehr ernähren könnten.[94] Allerdings hat der Webstuhl nicht für Massenarbeitslosigkeit gesorgt, sondern die wirtschaftliche Entwicklung weiter vorangetrieben. Auch jetzt könnten Roboter unsere Probleme lösen: Wir chillen, und sie arbeiten für uns. Aber bisher sind wir noch nicht so weit: »Wir Menschen sind kreativer, als wir annehmen«, sagt Wolfgang Dauth, Professor für regionale Arbeitsmarktökonomie an der Otto-Friedrich-Universität in Bamberg. Er forscht zu Industrierobotern und ihrer Auswirkung auf den Arbeitsmarkt. Wenn eine Aufgabe von Maschinen übernommen wurde, haben wir Menschen uns einfach neue Tätigkeiten erfunden. So sind auch viele der *Bullshit Jobs* entstanden, über die wir uns heute beklagen: Die, bei denen Leute Zahlen aus einer Tabelle in die andere kopieren, oder Konzepte für Projekte erstellen, die am Ende der Konzeptionsphase schon wieder eingestampft werden.

Mit jedem zusätzlichen Roboter werden ungefähr zwei Jobs im Industriesektor zerstört. Maschinen können präziser arbeiten als wir, sie sind zuverlässiger, weniger fehleranfällig. Außerdem nehmen sie uns Arbeiten ab, die gefährlich sind. »Wir haben aber keine Evidenz gefunden, dass Leute, die in diesen Firmen angestellt waren, wegen der Roboter gefeuert wurden«, sagt Dauth. Die Menschen, die vorher an Maschinen gearbeitet haben, werden weitergebildet: für Jobs, die weniger routineintensiv sind, höher bezahlt und mehr Qualifikation erfordern. »Wir haben systematisch gesehen, dass diese Personen in höherwertige Tätigkeiten gewechselt sind«, sagt Dauth. Für zwei Jobs, die in der Industrie wegfallen, entstehen zwei neue Jobs im Dienstleistungssektor. »Die Firmen werden durch die Roboter produktiver und haben Geld, das sie an anderer Stelle wieder ausgeben können. Sie expandieren und fragen Dienstleistungen nach, insbesondere in der technischen Beratung.«

Zwar gibt es Studien, die besagen, dass ein Großteil unserer Jobs in den kommenden Jahren automatisiert werden könnte.

Daher kommen auch die panischen Überschriften. Es könnten bald Berufe im Bereich Transport und Logistik durch autonome Fahrzeuge übernommen werden; Büro- und Verwaltungsberufe könnten von Big-Data-Algorithmen abgelöst werden; und Jobs in der Produktion könnten künftig von Industrierobotern ausgeführt werden.

Damit das funktioniert, müssen Roboter billiger werden – oder Menschen besser bezahlt werden. Denn in manchen Branchen ist es immer noch profitabler, Menschen schlecht zu behandeln und zu bezahlen, als bessere Roboter zu entwickeln oder einzukaufen. Bei der Textilproduktion in Niedriglohnländern beispielsweise, wo die Arbeitsbedingungen viel zu oft menschenunwürdig sind. Ausbeutung ist billiger als Automatisierung.

Was aber, wenn weniger Menschen da sind – und ihre Arbeitskraft teurer wird? Das zeigt sich in Ländern wie Japan und Südkorea, in denen die Bevölkerung immer älter wird und die führend bei der Forschung zu Robotern sind. »Wenn wir unseren Lebensstandard halten wollen, aber weniger Personen werden, die diesen Lebensstandard produzieren können, dann muss man die Produktionsfunktion an anderen Stellen ausgleichen – und das sind eben die Maschinen«, sagt Dauth. Wenn der technische Fortschritt zu mehr Produktivität führt, können wir uns leisten, weniger zu arbeiten – am Ende steht schließlich dasselbe Ergebnis. »Allein aus dieser Warte gesprochen, würde ich sagen, wir können es uns leisten, weniger Arbeit einzusetzen, nachdem wir jetzt immer produktivere Maschinen haben«, sagt Dauth. Wie auch bei der Verdichtung von Arbeit gilt das natürlich nicht für alle Bereiche. Pflege oder Lehre etwa sind davon ausgenommen. Aber ein großer Teil von Arbeit würde so schon mal wegfallen. Die Roboter können uns also helfen, endlich mehr Zeit zu haben, obwohl wir künftig weniger Arbeitskräfte zur Verfügung haben. Klingt doch super: Dear robots, please take my job.

Vier-Tage-Woche, produktivere Arbeitsformen, Klima, Roboter: Die Reduktion der Arbeitszeit, sie fühlt sich zum Greifen nah an. Vielleicht wird es nicht sofort die 15-Stunden-Woche, aber vielleicht 30 oder 32 – für den Übergang. Doch damit das funktioniert, muss der Kampf für kürzere Arbeitszeiten über alle sozialen Bereiche hinweg getragen werden.

»Freitage als Nicht-Arbeitstage zu fordern könnte für das 21. Jahrhundert das sein, was das Zwei-Tage-Wochenende für die Arbeiter*innenbewegung des 20. Jahrhunderts war«, schreiben Will Stronge und Kyle Lewis.[95] Wenn das Ziel sei, Gleichberechtigung am Arbeitsplatz zu erreichen, dann müssten wir verstehen, dass der Arbeitsplatz nicht nur Büro, Lagerhalle oder Fabrik ist. »Wir müssen uns daran erinnern, dass unsere Wirtschaft, unsere Familien und unsere Leben gestützt werden von typischerweise unbezahlten oder schlecht bezahlten Formen von Sorgearbeit, die hauptsächlich von Frauen in häuslichen Räumen verrichtet werden«, schreiben Stronge und Lewis. »Wir müssen anerkennen, dass Frauen außerdem an vorderster Front des Arbeitsmarktes stehen, dass sie oft in prekären Jobs arbeiten. Und letztlich müssen wir die Realitäten der zweiten und dritten Schichten anerkennen und auf Wege hinarbeiten, wie wir diese Arbeit umverteilen können, sodass wir alle weniger arbeiten können.«[96]

Das bedeutet auch, dass die verkürzte Vollzeit – also etwa eine 32-Stunden-Woche – nicht schlechter bezahlt werden darf als die bisherige 40-Stunden-Woche. Längerfristig müssen wir das Problem der Umverteilung anders lösen, möglicherweise mit einem Grundeinkommen. Weniger arbeiten darf nicht bedeuten, dass die Menschen nicht mehr ihre Miete bezahlen können und prekäre Zweit- und Drittjobs annehmen müssen. Wir brauchen eine Entwicklung, wie wir sie in der Vergangenheit auch gesehen haben: eine echte Arbeitszeitreduktion, von der alle profitieren und die so mehr Gerechtigkeit schafft – und mehr Zeit für die wirklich wichtigen Dinge im Leben.

WAS WÄRE, WENN WIR VON ÜBERALL ARBEITEN KÖNNTEN?

Nachdem wir das mit der Arbeitszeit geklärt haben, geht es jetzt
um die Frage, wo und wie wir arbeiten. Arbeit hat sich in den
vergangenen Jahren räumlich verschoben, zumindest für einen großen Teil von uns: Sie ist in unsere Wohnungen gewan-
dert und hat damit oft genug die Grenze ins Private aufgelöst.
Homeoffice, mobiles Arbeiten oder Remote Work sind keine
Ausnahmen mehr, sondern Mainstream geworden.

Mehr Flexibilität im Arbeitsleben ist gut – zumindest theoretisch. Wenn es richtig läuft, ermöglicht Flexibilität uns ein
Leben, in dem sich Arbeit in den Alltag einfügt – und nicht
der Alltag um die Arbeit herum strukturiert werden muss. Im
schlimmsten Fall jedoch dominiert Arbeit alles und macht uns
so noch kaputter.

Wichtig ist deshalb, wie diese Flexibilität ausgestaltet wird.
Außerdem dürfen wir bei all dem Gerede von Flexibilität diejenigen nicht vergessen, die nicht einfach so ins Homeoffice
wechseln können. Wie auch andere Branchen zeitlich flexibler
arbeiten können, darum ging es eben bereits. Aber auch jenseits
davon sind andere, flexiblere Modelle möglich. Um all das wird
es in diesem Kapitel gehen.

Kaum hatte die Pandemie unsere Büros, Cafés, Hotels, Verwaltungen, Geschäfte und viele andere Arbeitsplätze geschlossen, wurde schon wieder über die Rückkehr diskutiert: Wie schaffen wir es, möglichst schnell zurückzukehren? Ab wann wird wieder alles normal? Irgendwann kamen Lockerungen, FFP2-Masken, Impfungen, und wir haben uns langsam wieder zurück an den Arbeitsplatz getastet (und getestet).

Zu Hochzeiten von Corona wurde der physische Arbeitsplatz – und damit oft das Büro – zu einer Art Heiligem Gral stilisiert: Wenn wir endlich wieder zurückkönnen, wird alles gut. All unsere Probleme werden sich in der viel zu kalten Büroluft auflösen. Die Rückkehr ins Büro stand stellvertretend für die Rückkehr in die alte Normalität. Aber: Dass die Arbeit im Büro für alle Menschen super funktioniert hat, ist der wahrscheinlich größte Mythos der Homeoffice-Zeit.

Ich erinnere mich an Tage, an denen ich morgens schon vollkommen gestresst ankam, weil meine Bahn Verspätung hatte. Dann rannte ich von Meetingraum zu Meetingraum, um mich dort per Videokonferenz mit Kolleg*innen an anderen Standorten zusammenzuschalten. Meinen Schreibtisch sah ich kaum, und wenn ich mich mal zum konzentrierten Arbeiten hinsetzen wollte, kam immer irgendwer und lenkte mich mit Fragen ab oder telefonierte nebenan unfassbar laut. Ich erinnere mich an dumme Sprüche, die mir abends noch im Kopf herumspukten und wegen denen ich mich am nächsten Tag am liebsten im Bett verkrochen hätte. Und ich erinnere mich an Tage, an denen ich das Gefühl hatte, immer beschäftigt aussehen zu müssen, damit niemand auf die Idee kommt, ich könnte nicht genug zu tun haben.

Das Büro hat für manche Menschen noch nie gut funktioniert: für diejenigen, die Careverantwortung haben und deshalb nachmittags unter hämischen Kommentaren aus dem Büro hetzen müssen. Die einer marginalisierten Gruppe angehören und deshalb mit Diskriminierung zu kämpfen haben. Die eine Führungskraft haben, die jeden Schritt überwacht und die Nase rümpft, wenn man kurz nicht super gestresst aussieht. Die sich krank an ihren Schreibtisch schleppen, weil das so erwartet wird. Die introvertiert sind und nicht mit der ständigen Anwesenheit anderer Menschen klarkommen. Die sich mit Pendelwegen, Arbeitsplätzen und Aufgaben arrangieren müssen, die voller Barrieren sind. Es ist kein Wunder, dass es ausgerechnet Frauen und People of Color sind, die gerne weiterhin remote arbeiten wollen. Fast die Hälfte von ihnen würde nach einem neuen Job suchen oder kündigen, wenn sie Vollzeit zurück ins Büro kommen müsste. Ein Drittel der Frauen würde gerne vollständig remote arbeiten. Für Schwarze Beschäftigte wären 50 Prozent der Zeit im Homeoffice die ideale Lösung.[97] Bei ihnen nimmt das Gefühl der Zugehörigkeit zum Unternehmen zu, wenn sie im Homeoffice arbeiten können.[98] Der Grund: Mikroaggressionen und andere Formen der Diskriminierung fallen weg, die sie am Arbeitsplatz erlebt haben.

Aber natürlich hat die Arbeit im Homeoffice auch andere Vorteile: Wer nicht am Arbeitsplatz sein muss, muss nicht pendeln, hat mehr freie Zeit und kann Job und Sorgearbeit besser unter einen Hut bringen. Gleichzeitig bringt flexibles Arbeiten neue Probleme mit sich: Stress, Entgrenzung, Überarbeitung. Wer zu Hause am Schreibtisch sitzt, arbeitet häufiger abends, hat eher das Gefühl, ständig erreichbar sein zu müssen, macht mehr unbezahlte Überstunden und schaltet schlechter ab.[99] Remote Work kann mehr Teilhabe schaffen – wenn diese Form des Arbeitens richtig gelernt und umgesetzt wird. Wenn wir es schlecht machen, landen wir in der schlimmsten Form von beidem: einer hybriden Mischung, die uns noch müder macht und neue Ungerechtigkeiten schafft.

Aber bevor wir ausführlicher über all das sprechen, müssen wir zuerst die Begriffe klären: Homeoffice, Remote Work, mobiles Arbeiten und Flexwork sind zwar ähnlich und werden oft synonym verwendet, aber es gibt doch Unterschiede.

Homeoffice wird auf gut Deutsch auch Heim- oder Telearbeit genannt. Beschäftigte arbeiten in ihrem privaten Umfeld, also in der Regel zu Hause. Die Arbeitsstättenverordnung regelt dabei, dass Arbeitgeber*innen »fest eingerichtete Bildschirmarbeitsplätze im Privatbereich der Beschäftigten« zur Verfügung stellen müssen, wenn Telearbeit im Arbeitsvertrag verankert ist.[100]

Damit ist Homeoffice eine sehr spezielle Form des mobilen Arbeitens. Mobiles Arbeiten bedeutet, dass ortsunabhängig gearbeitet werden kann: im Café, aus dem Zug, im Park, im Co-Working-Space oder eben auch zu Hause, Remote Work und Fernarbeit sind Synonyme dafür. Wer All Remote oder Full Remote ist, hat gar kein Büro mehr.

Hybrides Arbeiten ist die Mischung, die für viele von uns vermutlich langfristig zur Realität wird: Teilweise arbeiten wir in Präsenz am Arbeitsplatz, teilweise remote.

Flexibles Arbeiten oder Flexwork hingegen ist relativ schwammig. Oft wird damit mobiles Arbeiten bezeichnet, aber auch andere Formen von Flexibilität können gemeint sein, wie zum Beispiel flexible Arbeitszeitgestaltung.

Auch wenn es oft so klingt, als wären jetzt ALLE immer im Homeoffice: Das stimmt natürlich nicht. Remote Work ist nicht für alle Beschäftigten möglich, sondern vor allem für diejenigen, die als Wissensarbeiter*innen in Büros arbeiten. Das ist in Deutschland ein gutes Drittel der Erwerbstätigen.[101] Viele von ihnen arbeiten, mittlerweile zumindest gelegentlich, im Homeoffice: 2021 galt das für ein Viertel aller Erwerbstätigen. Zehn Prozent arbeiteten sogar jeden Arbeitstag von zu Hause aus. Damit hat sich die Zahl derjenigen, die remote arbeiten können, gegenüber 2019 fast verdoppelt – ein Effekt der Corona-Pandemie.[102]

REMOTE WORK IST NICHT MEHR WEGZUDENKEN

Die Katze ist aus dem Sack: Wer die Freiheit von Remote Work gespürt hat, will nicht mehr zurück – zumindest nicht komplett. Trotzdem versuchen Unternehmen weiterhin, ihre Leute zurückzuholen. Für sie hat es schließlich sehr gut funktioniert mit dem Büro: Alle waren vor Ort, man konnte ihnen beim Arbeiten zuschauen. In den letzten Jahren und Jahrzehnten wurde die Vorstellung, wie der perfekte (Büro-)Arbeitsplatz aussieht, stark vom Klischee der Silicon-Valley-Techbranche geprägt. Tischtennisplatten, kostenloses Mittagessen, ein Fitnessstudio am Arbeitsplatz – wer gute Mitarbeiter*innen anziehen wollte, musste ihnen auch etwas bieten. Der Deal war klar: Das Unternehmen macht dir dein Leben so einfach wie möglich, damit du so viel Zeit wie möglich mit deiner Arbeit verbringst. Kein Wunder also, dass es genau diese amerikanischen Technologiefirmen waren, die alles versucht haben, um ihre Leute wieder zurück auf den Campus zu bringen: Google hat die Sängerin Lizzo für ein Privatkonzert engagiert, bei Microsoft gab es eine Weinprobe. Andere Firmen lockten ihre Angestellten mit Happy Hours und Fitness-Kursen.[103] Aber die Prioritäten der Menschen haben sich verschoben. Viele haben gemerkt, dass all diese Sonderaktionen und Vergütungen eine Falle sind, die nur zu mehr und mehr Arbeit führt.

Auch die Zahlen zeigen: Remote Work ist beliebt. José María Barrero ist Assistenzprofessor für Finanzen am Instituto Tecnológico

Autónomo de México und Teil eines Projektteams, das regelmäßige Onlineumfragen zum Homeoffice durchführt. Er prognostiziert, dass nach Corona in den USA ein knappes Drittel der Beschäftigten hybrid arbeiten werden. Gut die Hälfte der Menschen wird weiterhin vollständig vor Ort arbeiten, und etwa 15 Prozent komplett von zu Hause aus. Aber Remote Work ist nicht nur beliebt, sondern funktioniert auch gut: Vier von zehn Menschen sagen, dass sie im Homeoffice während der Pandemie effizienter gearbeitet hätten als im Büro. Barrero beziffert den Zuwachs an Produktivität durch einen bestehenden Wechsel zu Remote Work auf fünf Prozent.[104] Allerdings klafft zwischen der Wahrnehmung von Vorgesetzten und Angestellten eine große Lücke: Weltweit sagen 87 Prozent der Mitarbeitenden, dass sie hybrid produktiv arbeiten. Gleichzeitig vertrauen 85 Prozent der Führungskräfte nicht darauf, dass ihre Angestellten hybrid produktiv sind.[105]

Arbeitgeber*innen, die künftig kein Homeoffice möglich machen, werden Angestellte verlieren. Wer seine Beschäftigten fünf Tage pro Woche zurück ins Büro ruft, würde ein gutes Drittel dazu bringen, sich nach einem neuen Job umzusehen. Sieben Prozent würden sogar sofort kündigen.[106] Eine Freundin meinte kürzlich zu mir: »Wenn meine Firma wirklich will, dass ich 50 Prozent meiner Zeit im Büro verbringe, obwohl das in meinem Job gar keinen Sinn macht, dann muss ich mir wohl etwas anderes suchen.«

Vor allem junge Menschen möchten weiterhin remote arbeiten: Drei Viertel der Gen Z und der Millennials bevorzugen ein hybrides oder remotes Arbeitsmodell. Sie sagen, dass sie so Geld sparen und mehr Zeit für andere Dinge haben, dass sie ihre Familie häufiger sehen und ihre Arbeit einfacher erledigen können. Außerdem wirke sich Remote Work positiv auf ihre mentale Gesundheit aus. Allerdings sagt ein Fünftel auch, dass es schwieriger sei, remote eine Beziehung zu Kolleg*innen aufzubauen.[107]

Auch wenn der Wunsch der Beschäftigten klar ist, wollten viele Unternehmen lange nicht lockerlassen. Apple beispielsweise versuchte seit Juni 2021 immer wieder, seine Angestellten an drei Tagen pro Woche zurück ins Büro zu bekommen.[108] Wegen steigender Corona-Zahlen wurde die Rückkehr allerdings immer wieder verschoben. Anfang 2022 lautete der Plan so: Ab Mai seien Montag, Dienstag und Donnerstag feste Bürozeiten für alle Mitarbeiter*innen. Diese Ankündigung stieß auf Widerstand. Ian Goodfellow, Apples Director of Machine Learning, kündigte sogar. »Ich glaube stark daran, dass mehr Flexibilität die beste Richtlinie für mein Team gewesen wäre«, schrieb Goodfellow in einer E-Mail an seine Kolleg*innen. Er wechselte zur Google-Schwester DeepMind.[109]

Eine Gruppe von Mitarbeitenden protestierte unter dem Slogan *Apple Together* in einem offenen Brief gegen die Pläne: »Unsere Vision für die Zukunft der Arbeit entfernt sich weiter und weiter von der unseres Führungsteams«, heißt es darin. Apples Regelungen zu hybrider Arbeit seien nur von Angst getrieben: Angst vor der Zukunft der Arbeit, Angst vor der Autonomie der Mitarbeitenden, Angst davor, die Kontrolle zu verlieren. »Wir bitten nicht darum, dass alle dazu gezwungen werden, von zu Hause zu arbeiten. Wir bitten darum, dass wir selbst entscheiden können, welche Art von Vereinbarung am besten für uns alle passt«, schreiben sie. »Hört auf, uns wie Schulkinder zu behandeln, denen man sagen muss, wo und wann sie ihre Hausaufgaben machen müssen.«[110] Die zweite Omikronwelle pausierte die Pläne, wer sich im Büro unwohl fühlte, durfte erst mal weiter remote arbeiten.[111] Im September 2022 startete das Unternehmen dann einen neuen Rückkehr-Versuch – mit zu erwartendem Widerstand der Belegschaft.[112] Ein Hin und Her zwischen Angestellten und Konzern, das vermutlich weiter anhalten wird.

Wer weiterhin auf die Präsenz im Büro bestand, war Elon Musk. Der Tesla-CEO drohte seinen Mitarbeiter*innen im Juni 2022 quasi mit der Kündigung,[113] wenn sie nicht zurück ins Büro kämen: »Wer remote arbeiten möchte, muss für ein Minimum (und ich meine *Minimum*) von 40 Stunden pro Woche im Büro sein oder Tesla verlassen.« Das sei weniger, als er von Fabrikarbeiter*innen verlange, schrieb Musk in einer E-Mail. Der Betreff: »Remote Work ist nicht länger akzeptabel«. Es werde zwar einige Ausnahmen geben, die er allerdings selbst überprüfen und genehmigen werde. In einer weiteren Mail mit dem Betreff »Um super deutlich zu sein« präzisierte Musk, für wen das besonders gelte: Wer eine leitende Position habe, müsse umso stärker präsent sein. Natürlich gebe es andere Unternehmen, die das nicht verlangten, aber die hätten alle auch ziemlich lange keine großartigen neuen Produkte mehr herausgebracht – so zumindest die Argumentation von Musk. Dass hinter diesen Mails allerdings eine andere Strategie steckte, zeigte sich zwei Tage später. Dann verkündete Musk, wegen der Wirtschaftslage zehn Prozent der rund 100 000 angestellten Mitarbeiter*innen entlassen zu müssen. Dass er so auf die Präsenz pochte, war wohl sein Versuch, Kündigungen zu provozieren, um weniger Leute aktiv entlassen zu müssen.[114]

Sind es also genau die Konzerne, die unsere Arbeitskultur der vergangenen Jahre geprägt haben, die jetzt besonders stark auf die Rückkehr ins Büro pochen? Die Antwort ist ... Jein. Es gibt auch Gegenbeispiele. Airbnb ist eines davon. CEO Brian Chesky glaubt sogar, dass Remote Work »in zehn Jahren für uns alle die vorherrschende Art zu arbeiten sein wird« – und dass das Silicon Valley hier auch vorangehen sollte. Wer da nicht mitmache, könne nicht mehr die besten Leute einstellen und würde so an Diversität verlieren. Deshalb erlaubt Airbnb seinen Mitarbeiter*innen, überall zu leben und zu arbeiten (und dabei idealerweise Airbnbs anzumieten). In einer Mail an sein Team schreibt er: Es sei klar, dass Flexibilität für Airbnb funktioniere, das habe er in den vergangenen zwei Jahren gesehen. »Ich vertraue euch, und Flexibilität funktioniert nur, wenn du den Menschen in deinem Team vertraust.« Gleichzeitig wisse er auch, dass Kreativarbeit und Kollaboration in manchen Fällen am besten funktioniere, wenn man im selben Raum sei. »Die richtige Lösung sollte das Beste der digitalen Welt und das Beste der physischen Welt verbinden«, schreibt Chesky.

Deshalb dürfen Airbnb-Angestellte in der Regel remote arbeiten, im eigenen Land überall hin umziehen, und auch aus anderen Ländern arbeiten. Regelmäßige Treffen soll es weiterhin geben, dafür sollen Beschäftigte ungefähr eine Woche pro Quartal einplanen. Nun ist das Reisen quasi die DNA von Airbnb. Chesky selbst hat einige Monate lang aus Airbnbs in verschiedenen Städten gearbeitet. In einem Interview erzählt er von Stationen in Atlanta, Nashville, Charleston, Miami, Los Angeles, Colorado, Boston, Chicago und Vancouver.[115] Als er gemerkt habe, dass das für ihn funktioniere, dachte er sich: Dann müsste das auch für viele andere funktionieren. Chesky selbst hat keine Care-Verantwortung für Kinder oder pflegebedürftige Angehörige und ist nur mit seinem Golden Retriever von Stadt zu Stadt gezogen. Für die meisten Menschen ist dieses Nomadentum nicht realistisch: Sie haben familiäre Verpflichtungen oder können sich die ständige Reiserei nicht leisten. Nicht für alle ist ein Visum für ein anderes Land eine Selbstverständlichkeit. Manche Menschen haben körperliche Einschränkungen, die ihnen das Reisen erschweren. Das Modell von Airbnb wird die Ausnahme bleiben, auch wenn Remote Work zunimmt.

Zwar hat die Arbeit von überall viele Vorteile – kann aber auch zu neuen Problemen führen. In der Tech-Branche in Afrika beispielsweise herrscht Angst vor einem *Brain Drain*, also dem

Verlust von hochqualifizierten Arbeitskräften. »Ich kann die Zahl von Programmierer*innen, von denen ich weiß, dass sie voll remote mit globalen Kund*innen arbeiten, nicht mehr zählen, oder die, die ganz weggezogen sind«, schreibt die nigerianische Investorin Amaka Okechukwu Opara.[116] Sie glaubt, dass afrikanische Fachkräfte – insbesondere in der Tech-Branche – weltweit dabei helfen könnten, Lücken zu schließen, die durch die alternde Bevölkerung in vielen Ländern entstehen. Gleichzeitig müssten Unternehmen auf dem afrikanischen Kontinent daran arbeiten, mit ausländischen Konzernen konkurrieren zu können: Indem sie etwa flexible Arbeitsmodelle, Elternzeit und Krankenversicherung anbieten, ihre Unternehmenskultur inklusiver gestalten oder Unternehmensanteile an ihre Mitarbeiter*innen vergeben.

Auch in ländlichen Regionen auf anderen Kontinenten kann Remote Work Chancen für Beschäftigte bieten, die so mehr Optionen bei der Jobwahl haben. Unternehmen können ihren Pool an Talenten über die Region hinaus vergrößern. Wer sich dem Homeoffice verweigert, wird künftig hingegen Probleme haben, gute Mitarbeiter*innen für Präsenzstellen zu finden.

Airbnb-Chef Chesky spricht das ebenfalls an: Flexibilität ermögliche es, Berufe für mehr Menschen zugänglich zu machen. Die Arbeit passt sich so ans Leben an, der Wohnort ist auf einmal nicht mehr ausschlaggebend dafür, ob man eine Stelle antreten kann. Ein zweiter Punkt, den er macht, ist ebenfalls von großer Bedeutung: Dass es Regeln braucht, damit Remote Work funktionieren kann, ohne dass Zusammengehörigkeitsgefühl und Unternehmenskultur vollständig flöten gehen.

WIR BRAUCHEN EIN NEUES REGELWERK

Einfach nur alle ins Homeoffice zu schicken oder hybride Arbeit einzuführen, ohne darüber nachzudenken, wie das genau ablaufen soll, ist keine gute Idee. Klar, als es sein musste, funktionierte es. Doch für viele Leute funktionierte es mehr schlecht als recht. Für knapp ein Drittel der Beschäftigten hat 2021 im Homeoffice die Arbeitsbelastung zugenommen. Zugegeben, Homeoffice während Corona war auch nicht die Form von mobilem Arbeiten, die wir in Zukunft flächendeckend sehen werden. Stattdessen war die Zeit geprägt von Homeschooling und Kinderbetreuung, mit wenig Möglichkeiten, das Haus zu verlassen. Doch selbst im Lockdown zeigten sich Unterschiede darin, wie gut Homeoffice für einige Menschen funktioniert hat – oder wie wenig für andere. Die Arbeitsbelastung nahm zum Beispiel zu, wenn es keine technische Unterstützung oder angemessene Schulungen für neue digitale Arbeitsmittel gab oder wenn neue Software eingesetzt wurde. Probleme gab es auch, wenn die Wohnung für die Arbeit von zu Hause nicht geeignet oder wenn die Kinderbetreuung erschwert war.[117]

Gleichzeitig hat der Wechsel ins Homeoffice während Corona die traditionellen Rollenbilder noch weiter verstärkt: Frauen wechselten häufiger ins Homeoffice, während die Männer weiterhin Präsenz zeigten (und Karriere machten). Frauen arbeiteten häufiger zu unüblichen Zeiten und weniger effizient, wenn sie Kinder betreuen mussten.[118]

Wenn wir nicht aufpassen, übertragen sich die Probleme der alten Arbeitswelt auf die Remote-Welt. Damit Arbeit künftig unabhängig vom Ort funktioniert, braucht es deshalb Regeln. Wenn alle gemeinsam an einem Arbeitsplatz sitzen, transportiert sich die Art, wie dort gearbeitet wird, fast von alleine: Man kann sich abschauen, wie die anderen mit Mittagspausen, Meetings und Feedback umgehen. Wenn es keinen gemeinsamen Arbeitsort mehr gibt, fällt dieses Abschauen weg. Dann müssen Regeln, die vorher implizit waren, explizit gemacht werden.

In ihrem Buch *Out of Office* unterscheiden die Journalist*innen Anne Helen Petersen und Charlie Warzel in diesem Kontext zwischen *boundaries*, also Grenzen, und *guardrails*, also Leitplanken:[119] »Eine Leitplanke ist konzeptionell anders als eine Grenze. Grenzen kann man sich als neutrale, dehnbare Abgrenzungen vorstellen, wie eine Grundstücksgrenze: Sie sind dem bulligen Sattelschlepper nicht gewachsen, der den Druck darstellt, all deine Zeit mit Arbeit zu füllen.« Leitplanken hingegen seien mit dem Verständnis konstruiert, dass wir Schutz brauchen. »Nicht, weil wir schwach oder undiszipliniert wären, sondern weil die Mächte, die heute Arbeit fordern – besonders angesichts unserer Besessenheit mit Wachstum und Produktivität –, in ihrer Zerstörungskraft willkürlich sind. Sie machen unsere besten Absichten platt und schöpfen Kraft aus unserer Prekarität.« Grenzen sind persönlich, Leitplanken strukturell. »Wenn du zum Beispiel jemandem sagst, ›arbeite einfach wo du willst, wann du willst‹, inklusive im Büro, dann gibt es die reelle Möglichkeit, dass Leute, die so arbeiten wie ihre Führungskräfte oder die häufiger im Büro auftauchen, als engagierter wahrgenommen werden.« Ohne Leitplanken, so Petersen und Warzel, würden sich die Hierarchien des alten Büros einfach reproduzieren: »Flexibilität in der postpandemischen Welt wäre dann nur derselbe große, formlose Klecks Arbeit, der dieselben Leute bevorzugt, die schon immer bevorzugt wurden«, nämlich Menschen ohne Sorgeverantwortung oder extrovertierte Menschen, die persönliche Interaktion nicht ermüdet.

Im Lockdown-Homeoffice haben viele von uns die Grenzen überschritten: immer mehr Meetings, immer mehr E-Mails, immer mehr Arbeit. Die wöchentliche Zeit, die Wissensarbeiter*innen im Schnitt in Meetings verbringen, ist um 252 Prozent angestiegen. Das zeigen Studien von Microsoft. Gut, einige Firmen werden Microsofts Meeting- und Chatsoftware Teams auch stärker genutzt haben als vorher – und natürlich sind viele Meetings, die vorher vor Ort stattgefunden haben, auf einmal digital geworden. Aber auch andere Indikatoren bestätigen, dass viele Menschen mehr gearbeitet haben. Der durchschnittliche Arbeitstag ist um 13 Prozent oder 46 Minuten länger geworden.[120] Auch nach Feierabend und am Wochenende wird mehr gearbeitet. Eine Freundin sagte zu mir, dass sie schon vorher das Gefühl gehabt hätte, nicht mehr Meetings in ihren Kalender quetschen zu können, und dass sich das seit Pandemiebeginn noch mal verschärft habe. Mittlerweile hat sie Meetings, die sich mit anderen Meetings zeitlich überschneiden – und zwar nicht nur ab und zu, sondern regelmäßig. Um bei allen dabei zu sein, müsste sie sich klonen.

Außerdem verschmelzen im Homeoffice die Grenzen zwischen Arbeit und Freizeit. Früher gab es zwei Spitzenzeiten pro Tag, in denen besonders viel gearbeitet wurde, nämlich vor der Mittagspause und nach der Mittagspause. Mittlerweile ist eine dritte Spitze dazugekommen: Knapp ein Drittel arbeitet zwischen 18 und 20 Uhr. »Die dritte Spitze unterscheidet sich von den anderen beiden Spitzen, weil sie die Frage stellt: Geht es um Flexibilität oder darum, dass Arbeit in die persönliche Freizeit eindringt?«, fragt Shamsi Iqbal, die bei Microsoft Research zu Produktivität forscht.[121]

Auch ich habe im Homeoffice anfangs quasi immer gearbeitet. Warum auch nicht? Chat-Nachrichten am Abend, E-Mails am Wochenende, Meeting nach Meeting nach Meeting – getragen von der Hoffnung, dass genug Zeit sein würde, um zwischendurch mal kurz aufs Klo zu rennen. Ich hätte die Chance dazu gehabt, meine Grenzen zu verteidigen: Ich hatte eine Führungsposition, eine verständnisvolle Vorgesetzte. Trotzdem habe ich nicht Nein gesagt, und mich so konsequent überarbeitet. Die Kraft, dagegen anzukommen, muss man erst mal haben – und das Privileg, Nein sagen zu dürfen. Vor allem Frauen, People of Color und andere marginalisierte Gruppen haben dieses Privileg oft nicht.

Wie also kann Remote Work erfolgreich umgesetzt werden? Ich frage bei Wildling nach, einem Startup für Barfußschuhe. Offiziell hat Wildling seinen Unternehmenssitz in Engelskirchen im Bergischen Land – mit dem Zug ungefähr eine Dreiviertelstunde von Köln entfernt. Aber es gibt in Engelskirchen kein großes Büro. Stattdessen arbeiten die Mitarbeiter*innen remote – und zwar schon immer. Entstanden sei dieses Modell »durch Zufall«, sagt Mitgründerin Anna Yona. Sie hat Wildling 2015 gemeinsam mit ihrem Mann Ran gegründet. Die beiden haben drei Kinder und bei der Gründung gemerkt, dass es viel einfacher ist, ohne Pendelwege zu arbeiten. »Das ermöglicht uns viele Freiheiten, und wir wollten diese Freiheiten gerne weitergeben«, sagt Anna. Also führten sie für ihre Mitarbeiter*innen Remote Work ein, »auch, weil wir gar kein Büro haben wollten«, sagt Anna. Denn wenn sie ein Büro hätten, müssten sie da ja auch auftauchen.

Aber wie ist es, wenn das Team komplett verstreut ist? Wie stellen Anna und Ran sicher, dass der Arbeitsalltag funktioniert? »Wir haben sehr schnell gemerkt, dass wir gewisse Prozesse brauchen, die uns helfen, weiterhin gut zusammenzuarbeiten«, sagt Anna. Damit meint sie auf der einen Seite Prozesse im Projektmanagement, aber auch kulturelle Prozesse. Verständnis füreinander, klare Absprachen, Vereinbarungen zu Arbeitszeit und Pausen. »Feierabend ist Feierabend, Wochenende ist Wochenende«, sagt Anna. »Es ist nicht so, dass wir das unbedingt tracken und genau wissen wollen, wie viel du gearbeitet hast.« Aber ihre Mitarbeiter*innen sollten dies für sich selbst durchaus im Blick haben. Wenn jemand zu viele Überstunden mache, aus dem Urlaub oder krank arbeite, würden die Führungskräfte nachfragen. »Es ist wichtig, dass man gegenseitig auf sich achtet«, sagt Anna.

Bei Wildling sind 75 Prozent der Belegschaft und der Führungskräfte Frauen. Eine von ihnen ist Scarlett Faißt. Sie arbeitet seit 2017 bei Wildling und trägt den ziemlich einzigartigen Titel Feminism Ambassador. Scarlett hat zwei Kinder, ist alleinerziehend, arbeitet Vollzeit und ist froh, dass sie in ihren Tag nicht auch noch Pendelwege zu einem festen Arbeitsort einbauen muss. »Für mich bedeutet Remote Work, dass ich mehr Stunden effektiv arbeiten kann«, sagt sie. Die Betreuungszeiten ihrer Kinder seien begrenzt. Würde sie Vollzeit in einem Büro arbeiten, wäre das schwierig: »Weil ich alleine verantwortlich bin, wäre es mir einfach nicht möglich, alle anderen Zeiten abzudecken.« Weil sie remote arbeitet, kann sie flexibler planen, etwa wenn vormittags ein Termin mit ihren Kindern ansteht. Die Arbeit im Homeoffice kommt ihr auch sonst entgegen, sagt Scarlett: So könne sie individueller schauen, wann sie sich gerade gut konzentrieren kann, wann sie anfängt, wann sie eine Pause macht, wann sie aufhört. »Das birgt natürlich auch die ein oder andere Gefahr, aber für mich überwiegen die Vorteile«, sagt sie.

Wer von zu Hause arbeitet, muss diszipliniert sein: Gerade bei Aufgaben, die zeitlich flexibel erledigt werden können, ist es wichtig, sich nicht zu verzetteln – nur weil die Wäsche gewaschen oder die Spülmaschine eingeräumt werden müsste. Gleichzeitig ermöglicht die Arbeit von zu Hause, nebenbei schnell was zu essen zu kochen oder kurz bei den Hausaufgaben zu helfen, wovon vor allem Eltern profitieren.

Während der Hochphase von Corona war das allerdings anders. Zum Homeoffice kam Homeschooling. Die Belastung von Eltern in dieser Zeit war enorm. Mehr als die Hälfte der Mütter und rund 45 Prozent der Väter in Deutschland fühlten sich in dieser Zeit äußerst oder stark belastet. Psychische Beschwerden nahmen bei Paaren mit Kindern sowie bei Alleinerziehenden deutlich zu. Überhaupt: Die Situation von Alleinerziehenden war besonders schwierig. Sie stellen ungefähr jede fünfte Familie mit Kindern in Deutschland, in 90 Prozent der Fälle ist das alleinerziehende Elternteil die Mutter. Alleinerziehende verdienen tendenziell weniger und haben ein erhöhtes Armutsrisiko. Die Pandemie erschwerte ihre Lage noch: Alleinerziehende nutzen häufiger Kinderbetreuung, die jetzt wegfiel. Sie mussten alles alleine stemmen: Arbeit, Kinderbetreuung, Homeschooling, Haushalt. Dazu kam die Sorge, selbst krank zu werden und sich nicht mehr um die eigenen Kinder kümmern zu können.[122] Die Flexibilität von Homeoffice, sie reichte für Scarlett in dieser Phase nicht aus. »Es war überhaupt nicht zu schaffen, weiterzuarbeiten und parallel die gesamte Beschulung und Kita-Betreuung in einem Haushalt zu managen. Das war unmenschlich, was da zu leisten war«, sagt sie. Was ihr geholfen hat: ihre Stundenzahl um 25 Prozent zu reduzieren – bei gleicher Bezahlung. Ein Angebot von Wildling, um Eltern durch diese schwierige Zeit zu bringen, und ein gutes Beispiel für eine echte Leitplanke.

Wie Leitplanken jenseits von Krisensituationen aussehen können, zeigt ein Beispiel aus den USA, nämlich das Software-Unternehmen Github. Die 1500 Mitarbeiter*innen leben in mehr als 65 Ländern und arbeiten schon immer remote. All Remote nennt Github das, weil es klarmacht, »dass alle Team-Mitglieder gleich sind. Niemand, auch nicht das Führungsteam, trifft sich jeden Tag persönlich.« Es gibt kein physisches Büro, keinen Hauptsitz, an dem sich ein Teil der Beschäftigten – oder das Führungsteam – trifft, während andere möglicherweise außen vor bleiben. Alle können arbeiten, wo auch immer sie möchten. Keine Region, keine Zeitzone ist wichtiger als die andere.

Damit das funktioniert, gibt es klare Richtlinien und sogar ein Remote-Manifest, das öffentlich einsehbar ist.[123] Darin steht zum Beispiel, dass Menschen überall auf der Welt eingestellt werden können und dass es flexible Arbeitszeiten gibt. Dass Wissen schriftlich festgehalten und Informationen öffentlich geteilt werden. Dass Dokumente von allen bearbeitet werden können und dass asynchron kommuniziert wird. Darren Murph, dessen offizieller Jobtitel Head of Remote lautet, sagt: »Die Karriere sollte folgen, egal wohin dich dein Leben führt.« Und in einer All-Remote-Umgebung »geht dein Job mit dir, wenn Veränderungen in deinem Leben passieren«.

Github geht sehr offen damit um, wie im Unternehmen gearbeitet wird, welche Vorteile All Remote bringt – und welche Probleme: Einsamkeit. Fehlende Kommunikation. Neue Kolleg*innen einzuarbeiten ist schwieriger und bedarf mehr Planung. Für das eigene Zeitmanagement sind alle selbst verantwortlich. Die klare Trennung zwischen Arbeit und Privatleben muss selbst gezogen werden. Für viele dieser Probleme hat Github ebenfalls Lösungen veröffentlicht, die allerdings mehr nach *boundaries* klingen als nach *guardrails*: »Eine Kultur zu etablieren, die Burnout verhindert, beginnt ganz oben«, steht da zum Beispiel. Dass Ergebnisse gemessen werden, keine Arbeitsstunden. Dass Teammitglieder ihre Urlaubstage nehmen sollen, und mit ihren Vorgesetzten sprechen, falls sie bei sich selbst Anzeichen von Burnout erkennen.

Man merkt, dass Github immer noch ein Tech-Unternehmen aus dem Silicon Valley ist. Produktivität ist das Ziel – egal, wie der Weg dorthin aussieht. Trotzdem glaube ich, dass einige Teile des Remote-Manifests durchaus sinnvoll sind: Weil sie klar zeigen, dass es keinen Sinn macht, das Büro nachzuahmen, sondern dass es ganz neue Arbeitsweisen braucht.

Vorgesetzte müssen remote anders führen: Sie sollten sichtbar und ansprechbar sein, transparent agieren und offen kommunizieren. Gerade wenn man nicht im selben Gebäude arbeitet, sind regelmäßige Eins-zu-Eins-Meetings wichtig, um Vertrauen zu schaffen. Delegieren muss sein, jeden Schritt kontrollieren hingegen geht gar nicht.

Es braucht Regelungen dafür, wie gute Arbeit bewertet wird,

damit nicht die Person befördert wird, die am häufigsten im Büro aufschlägt und am Schreibtisch neben der Führungskraft sitzt. Es muss klar sein, dass auch zu Hause nicht krank gearbeitet wird, dass es okay ist, sich um seine Familie zu kümmern und dass durchgearbeitete Nächte und überlange Tage nicht erwünscht sind. Ständige Erreichbarkeit darf nicht verlangt werden.

Auch die Kommunikation muss bei Remote Work anders ablaufen. Sie funktioniert oft asynchron, also per E-Mail, über Chats wie Slack oder Teams, oder per Sprachnachricht. Doch auch dabei sollten gewisse Regeln befolgt werden: Welches Format ist am sinnvollsten? Kommuniziere ich klar? Hat die Person am anderen Ende das Wissen, das sie benötigt? Könnte ich falsch verstanden werden? Muss ich eine andere Person unbedingt jetzt unterbrechen oder kann es warten?

Meetings sind gut, um gewisse Dinge in Echtzeit zu klären, aber auch sie brauchen Regeln: Wenn Videocalls aufgenommen und Ergebnisse von Meetings verschriftlicht werden, ist die Teilnahme nicht mehr zwingend für alle nötig. Wenn Informationen schriftlich festgehalten und für alle im Unternehmen verfügbar sind, wird es schwieriger, Macht zu horten – und einfacher, selbst Antworten auf Fragen zu finden. Meetings, die kein klares Ziel oder eine Agenda haben, sollten gar nicht erst stattfinden. Zu spät anfangen oder überziehen ist ein No-Go. Hybride Termine, bei denen ein Teil der Teilnehmenden in einem Raum ist und ein Teil remote zugeschaltet, sollten vermieden werden. Wenn sie doch nötig sind, sollte sich jede Person einzeln mit ihrem Laptop einwählen.

Bei Github haben alle Mitarbeiter*innen ein eigenes Profil, in dem nicht nur Details zur Person stehen, sondern auch, wie diese Person am besten arbeitet und welche Kommunikationsformen sie bevorzugt. Bei Darren Murph, dem Head of Remote, steht beispielsweise, dass er Adoptivvater ist und gerne alle Fragen rund um Adoption beantwortet, dass er lieber Abwechslung als Routine in seinem Arbeitstag hat, dass er häufig Dankbarkeit ausdrückt und das ernst meint und dass man nicht beleidigt sein soll, wenn er nicht schnell auf Nachrichten reagiert, da er lange Zeitfenster ohne Unterbrechungen für konzentriertes Arbeiten bevorzugt.[124]

Gute Kommunikation kann auch remote für ein Gemeinschaftsgefühl sorgen. Ich habe jahrelang mit Menschen gearbeitet, die auf der ganzen Welt verstreut gelebt haben. Mit vielen von ihnen bin ich heute noch sehr gut befreundet. Wir vertrauen einander, können offen über Probleme sprechen und auch wenn wir uns sehr freuen, uns »in echt« zu sehen, war die Entfernung nie ein Hindernis. Warum? Weil wir aktiv und bewusst daran gearbeitet haben. Weil wir regelmäßige Videocalls vereinbart haben, in denen es nicht um irgendein Projekt ging, sondern darum, voneinander zu lernen und uns gegenseitig zu helfen. Weil wir uns anlasslos zwischendurch Nachrichten geschickt haben, nur um zu hören, wie es der anderen Person gerade geht. Weil wir uns die Zeit genommen haben, wenn jemand von uns ein Problem hatte. Weil wir uns zugehört und so eine Beziehung aufgebaut haben. Das ist besonders wichtig, wenn neue Mitarbeiter*innen remote eingearbeitet werden. Hier wird das Büro immer als bessere Lösung präsentiert, aber auch vor Ort kann man sich in einem neuen Job alleine gelassen und ignoriert fühlen. Eine gute Idee ist es zum Beispiel, neuen Teammitgliedern klare Ansprechpartner*innen zuzuweisen, die bei Fragen und Problemen helfen können. Oder ihnen eine Liste mit anderen Leuten im Unternehmen zu geben, die für (virtuelle) Kaffeetermine bereitstehen. Oder ein klarer Plan, was bis wann gelernt werden muss und Unterstützung dabei, diese Ziele zu erreichen.

Am Ende zählt vor allem eins: Vertrauen – und Kontrolle gegen Vertrauen einzutauschen. Einige Unternehmen nutzen Überwachungssoftware, um sicherzustellen, dass ihre Angestellten wirklich arbeiten: Da wird getrackt, was in die Tastatur eingetippt wird, es werden Fotos über die Webcam geschossen oder Screenshots vom Bildschirm gemacht. Nicht nur datenschutzrechtlich problematisch, sondern auch grundsätzlich: Wer will wirklich für ein Unternehmen arbeiten, das seinen eigenen Leuten so wenig vertraut? »Wenn du nicht gerade eine Fabrik im 19. Jahrhundert leitest und in einem Glasbüro über Arbeiter*innen sitzt, die Geräte zusammenbauen, dann ist die ultimative Kontrolle über das, was deine Mitarbeitenden tun oder nicht tun, genauso weit entfernt wie die industrielle Ära«, schreibt Tsedal Neeley, Professorin für Betriebswirtschaft an der Harvard Business School.[125] Für viele Unternehmen und Vorgesetzte dürfte das die größte Hürde sein.

Aber Vertrauen ohne Regeln reicht auch nicht – denn dann kann Remote Work zu Ausbeutung führen. Zeiterfassung ist so ein Beispiel. Beschäftigte, die ohne Zeiterfassung im Homeoffice arbeiten, machen bei einer Vollzeitstelle im Schnitt 3,5 Überstunden pro Woche. Wenn sie selbst ihre Arbeitszeit dokumentieren, machen sie drei Überstunden pro Woche. Und wenn das Unternehmen die Arbeitszeit dokumentiert? Sinken die Überstunden auf zwei pro Woche. Gleichzeitig erholen sich die Beschäftigten besser, wenn die Arbeitszeit betrieblich erfasst wird. In Unternehmen mit Betriebsrat oder Tarifvertrag gibt es eine größere Chance auf eine solche Arbeitszeiterfassung: In knapp einem Drittel der Unternehmen mit Betriebsrat wird die Arbeitszeit im Homeoffice betrieblich erfasst, aber nur in 19 Prozent der Unternehmen, die keine Vertretung der Arbeitnehmer*innen haben.[126] Wie Remote Work ausgestaltet wird, ist also auch eine Sache, bei der die Mitarbeiter*innen mitsprechen sollten – was nicht heißt, dass im Homeoffice feste Arbeitszeiten von neun bis fünf zementiert werden müssen. Schließlich ist die Flexibilität ja gerade einer der Vorteile. Aber flexibel heißt eben nicht, dass die Arbeit unendlich ist.

Hier wird sich in den kommenden Monaten allerdings einiges ändern müssen: Das Bundesarbeitsgericht hat im September 2022 geurteilt, dass Arbeitgeber*innen die Arbeitszeit ihrer Beschäftigten systematisch erfassen müssen.[127] Ein ähnliches Urteil hatte der Europäische Gerichtshof bereits 2019 gefällt.[128] Dies gilt es jetzt umzusetzen – und für die Zukunft der Arbeit anzupassen.

Auch in anderen Ländern wird der rechtliche Rahmen ausgelotet. In den Niederlanden soll Homeoffice zum Rechtsanspruch werden. Damit müssten Arbeitgeber*innen triftige Gründe anführen, um ihren Beschäftigten die Heimarbeit zu verbieten.[129] Bereits jetzt ist Remote Work in den Niederlanden stark verbreitet: 2021 haben 54 Prozent der Beschäftigten zumindest zeitweise im Homeoffice gearbeitet. Aber eine Anfrage von Mitarbeiter*innen konnte bisher ohne Angabe von Gründen abgelehnt werden. In Deutschland steht ein sogenannter »Erörterungsanspruch« im Koalitionsvertrag der Ampelregierung: Dann könnte dem Wunsch nach mobilem Arbeiten künftig nur noch widersprochen werden, »wenn betriebliche Belange entgegenstehen«. Außerdem soll mobile Arbeit für deutsche Beschäftigte »EU-weit unproblematisch möglich sein«.[130] Ein konkretes Gesetz steht noch aus.

Das Europäische Parlament hat 2021 außerdem entschieden, das sogenannte Recht auf Nichterreichbarkeit auf den Weg zu bringen.[131] Dieses muss von der EU-Kommission jetzt in einen rechtlichen Rahmen gegossen werden – und dann von den Mitgliedstaaten umgesetzt. Damit sollen Beschäftigte, die remote oder von zu Hause arbeiten, das Recht bekommen, zu bestimmten Zeiten nicht erreichbar zu sein: Außerhalb der Arbeitszeit, am Wochenende, an Feiertagen, im Urlaub. Keine Telefonate, keine E-Mails, keine digitale Kommunikation. In Frankreich gibt es ein solches Recht auf Abschalten bereits seit 2017. Allerdings ist das sogenannte El-Khomri-Gesetz – benannt nach der

Arbeitsministerin, die es eingeführt hat – nicht besonders stark: Es gibt keine Sanktionen bei Verstößen, und wie genau ein Unternehmen das Recht verankert, wird zwischen Arbeitgeber*innen und Vertreter*innen der Beschäftigten ausgehandelt.[132] Eher eine Grenze als eine echte Leitplanke. Ein anderes Gesetz in Frankreich hingegen ist eine ziemlich klare Leitplanke: Mitarbeitende in Büros dürfen ihr Mittagessen nicht am Schreibtisch essen, sondern müssen zum Essen raus. Kein »Sad Desk Lunch« also (außer wenn gerade Pandemie ist und das Gesetz deshalb ausgesetzt wird). Remote gilt das allerdings nicht – deshalb braucht es auch hier klare Leitplanken, um zu vermeiden, dass die Mittagspause einfach durchgearbeitet wird. Schließlich wissen wir: Pausen sind nötig, um gesund zu arbeiten.

Bei aller Liebe für Remote Work: Es gibt natürlich trotzdem gute Gründe, sich in echt zu treffen. Weil Dienstag ist, die Chefin das so will oder der Kollege sich sonst einsam fühlt, sind übrigens keine guten Gründe. Gemeinsame Team-Meetings, in denen schwierige Themen besprochen oder soziale Kontakte geknüpft werden, hingegen schon. Wichtig ist, dass auch hier klar kommuniziert wird und deutlich gemacht, warum es sinnvoll ist, persönlich zusammenzukommen. Welchen Mehrwert die Mitarbeitenden dabei mitnehmen. Welche Ziele es gibt. Oft genug passiert das nämlich nicht.

Für viele Menschen wird die Zukunft von Arbeit künftig hybrid sein: Teilweise vor Ort im Unternehmen, teilweise remote. Das ist gut, denn wer hybrid arbeiten kann, ist zufriedener, fühlt sich produktiver und liefert mehr messbare Leistung, wie eine Untersuchung aus den USA zeigt.[133] Ob man hybrid oder vor Ort arbeitet, hatte dabei keinen signifikanten Einfluss darauf, wie Leistung bewertet oder wer befördert wurde. Allerdings zeigte sich, dass die hybrid Beschäftigten im Homeoffice zwar kürzer arbeiteten, aber dafür längere Arbeitstage an Präsenztagen und am Wochenende hatten. Außerdem wurden vermehrt Videocalls und Chatnachrichten genutzt – selbst wenn die hybrid Beschäftigten im Büro waren. Hybrides Arbeiten verändert also die Struktur und die Muster von Arbeit. Die Arbeit ist nicht immer das höchste Gut, wenn sie so nah am restlichen Leben stattfindet. Das muss allen klar sein. Unternehmen müssen deshalb Leitplanken schaffen, damit ihre Mitarbeiter*innen nicht immer die eigenen Grenzen verteidigen müssen.

IST HOMEOFFICE GUT FÜRS KLIMA?

Mit den richtigen Rahmenbedingungen kann die Arbeit zu Hause nicht nur gut für uns sein, sondern auch für das Klima. Immer wieder wird das Homeoffice als Möglichkeit genannt, um Energie zu sparen oder Emissionen zu reduzieren. Dabei gibt es zwei konkrete Punkte: Wer zu Hause arbeitet, pendelt einerseits nicht – ein ähnlicher Vorteil wie bei der Reduzierung der Arbeitszeit. Andererseits steigt der Energieverbrauch zu Hause an, während er in Bürogebäuden und anderen Arbeitsplätzen potenziell zurückgefahren wird. Deshalb ist es nötig, etwas genauer auf die Details zu schauen.

Anfang April 2020 haben wir gesehen, welchen Einfluss Homeoffice auf die Treibhausgasemissionen haben kann: Alles war dicht, viele Menschen haben von zu Hause gearbeitet. In den 69 Ländern, die 97 Prozent der globalen CO_2-Emissionen ausmachen, sanken die Emissionen kurzzeitig auf das Level von 2006. Die größten Ersparnisse kamen aus dem Verkehr, wohl auch, weil Pendelwege wegfielen. Es wurde weniger Energie verbraucht, die Emissionen der Industrie gingen zurück.[134] Richtig repräsentativ sind diese Zahlen trotzdem nicht: Wir waren im Lockdown. Nicht nur Büros waren geschlossen, sondern auch Geschäfte, Hotels, Restaurants. Wer nicht als essenzielle

Arbeitskraft schuftete, blieb am Schreibtisch und ging höchstens mal spazieren. Niemand will, dass Remote Work auch in Zukunft so aussieht.

Homeoffice kann allerdings auch so eine Rolle dabei spielen, Emissionen zu reduzieren: Pendeln macht in Deutschland 17 Prozent aller zurückgelegten Kilometer aus. Der Großteil – gut drei Viertel – aller Pendelwege werden mit dem Auto zurückgelegt. 20 Prozent pendeln mit öffentlichen Verkehrsmitteln, vier Prozent zu Fuß oder mit dem Rad. Die meisten Leute pendeln alleine, im Schnitt sitzen 1,2 Personen im Auto. Deshalb machen Autos 92 Prozent der ausgestoßenen Emissionen beim Pendeln aus.

Im April 2020 haben etwa 25 bis 40 Prozent der arbeitenden Bevölkerung von zu Hause gearbeitet. Das ist also das Potenzial, von dem wir ausgehen können. Wenn künftig ein Viertel der Beschäftigten einen Tag mehr pro Woche im Homeoffice arbeitet, könnte das pro Jahr 1,6 Millionen Tonnen CO_2e sparen.* Damit würden die jährlichen Emissionen, die durch Pendeln entstehen, um fünf Prozent nach unten gehen. Bei zwei Extratagen Homeoffice pro Woche könnten 3,2 Millionen Tonnen CO_2e pro Jahr eingespart werden.[135]

Okay, Pendeln fällt im Homeoffice weg, das ist schon mal gut. Aber was ist mit dem Rest, mit dem Strom und der Heizung und dem Gasverbrauch? In den ersten Monaten der Pandemie ist der Stromverbrauch insgesamt um 15 bis 20 Prozent gesunken. In den Privathaushalten ist er allerdings gestiegen – eben weil sich die Arbeit nach Hause verlagert hat. Wer im Homeoffice arbeitet, verbraucht schätzungsweise 25 Prozent mehr Strom und 17 Prozent mehr Gas: für elektrische Geräte, Internet, Video-Konferenzen, Heizung, um daheim Mittagessen zu kochen.[136]

---

* CO_2 ist eine Maßeinheit, die den Effekt von Treibhausgasen vergleichbar macht. Dabei werden Treibhausgase wie Methan oder Lachgas in eine äquivalente Menge CO_2 umgerechnet. Ausgesprochen wird CO_2e als CO_2-Äquivalente.

Wenn in Büros Licht brennt, geheizt wird oder die Klimaanlage läuft, während die Beschäftigten im Homeoffice sitzen, kann das im schlimmsten Fall sogar für einen höheren Energieverbrauch sorgen. Das wäre der Vorteil von festen Homeoffice-Tagen – oder einer verkürzten Arbeitszeit: Dann wären etwa jeden Freitag die Büros dunkel und das Sparpotenzial höher. Dazu kommt die Kostenfrage. »Wenn du in einem Bürogebäude arbeitest, ist das Unternehmen dafür verantwortlich, Heizungs- und Wasserrechnungen zu bezahlen. Wenn Leute nach Hause umziehen, und einige der Büros geschlossen werden, werden diese Kosten auf die Angestellten umgelegt«, sagt die US-amerikanische Rechtsprofessorin Rachel Kohl.[137] Daher stellt sich die Frage, inwiefern Unternehmen hier bei Kosten unterstützen müssten – oder ob die Politik eingreifen muss, wenn von ihrer Seite aus zur Arbeit im Homeoffice aufgerufen wird. Steigende Energiepreise können sonst limitierende Faktoren für die Arbeit im Homeoffice sein – ebenso wie die Qualität der Internetverbindung und die Frage, ob es einen Ort gibt, an dem ungestört gearbeitet werden kann, wie etwa ein eigenes Arbeitszimmer.

Außerdem macht es einen Unterschied, wie im Homeoffice gearbeitet wird: Wenn für mobile Arbeit ein bestehender Firmenlaptop genutzt wird, ist das sinnvoller, als wenn das Homeoffice mit zusätzlichen Geräten neu ausgestattet wird. Für die Herstellung von Computern und anderen technischen Geräten werden Rohstoffe wie Kobalt und Tantal abgebaut – dieser Ressourcenverbrauch muss mit eingerechnet werden.[138] Mehr digitale Kommunikation bedeutet auch mehr Energieverbrauch. Alleine die E-Mails einer durchschnittlichen arbeitenden Person produzieren im Jahr 135 Kilo CO_2e. Das ist etwa so viel wie eine Autofahrt von München nach Zürich oder von Berlin nach Prag.[139] Wie viel CO_2e eine Videokonferenz verbraucht, hängt von der Internetverbindung und der Bildqualität ab.[140] Aber klar ist: Wenn eine E-Mail die Videokonferenz ersetzen kann, ist das gut für das Klima und den Kalender. Und wenn eine Videokonferenz die Geschäftsreise ersetzen kann, ist das auch gut – zum Beispiel, wenn sich vier Personen in Stuttgart treffen wollen und zwei davon aus Berlin anreisen müssten. Wenn sie nicht fliegen, sondern per Videokonferenz zusammenkommen, können mehr als 99 Prozent CO_2 eingespart werden.[141]

Auch in anderen Fällen stellt sich die Frage, welchen Einfluss die mobile Arbeit auf die Lebensgestaltung hat: Ziehen Menschen deshalb aus den Städten raus in größere Wohnungen oder Häuser, die mehr Energie verbrauchen? Kaufen sie neue, größere Autos, die mehr verbrauchen? Nutzen sie seltener den öffentlichen Nahverkehr? Werden Büroflächen reduziert und so der Stromverbrauch gesenkt? Ähnlich wie bei der Arbeitszeitfrage gilt auch hier: Einsparungen sind nur realistisch, wenn der Lebenswandel nicht gleichzeitig klimaschädlicher wird.

Und: Die Arbeit im Homeoffice ist nicht immer klimafreundlicher. Es kommt darauf an, wo man lebt, wie geheizt wird, wie man zur Arbeit pendelt, wie lang der Weg ist und wie das Wetter gerade ist. Stellt euch vor, ich arbeite im Winter von zu Hause aus. Dann stoße ich im Homeoffice fast genauso viele Emissionen aus, wie wenn ich mit dem Auto ins Büro fahren würde. Warum? Weil ich heizen muss – und in Deutschland viel mit Öl und Gas geheizt wird. Im Sommer hingegen ist Homeoffice hierzulande immer besser fürs Klima. In Spanien hingegen lohnt es sich im Sommer, ins Büro zu pendeln. Das liegt daran, dass durch die höheren Temperaturen mehr Menschen die Klimaanlage laufen haben und so daheim mehr CO_2 ausstoßen.[142] Daher ist auch das Einsparpotenzial in unterschiedlichen Ländern unterschiedlich groß: In Deutschland könnten bis zu 12,2 Megatonnen CO_2e eingespart werden, wenn Menschen hybrid arbeiten.[143] Pro Person bedeutet das im Schnitt eine Einsparung in Höhe von fünf Flügen von Berlin nach London (ohne Rückflug).

Remote und hybride Arbeit wird Teil unserer neuen Arbeitsrealität sein. Wirklich funktionieren kann das aber nur, wenn die alten Fallstricke der Präsenzarbeit nicht einfach ins digitale übernommen werden – sondern wenn der Wechsel genutzt wird, um für echte Veränderung zu sorgen: richtige Leitplanken, mehr Gleichberechtigung, mehr Möglichkeiten für Teilhabe. Indem es klare Regelungen dafür gibt, wie gute Arbeit bewertet wird, und indem Unternehmen die Leitplanken schaffen, damit ihre Mitarbeiter*innen nicht immer die eigenen Grenzen verteidigen müssen.

Wer mobil arbeitet, muss nicht immer nur alleine am Küchentisch oder im Arbeitszimmer sitzen. Stattdessen werden wir neue Modelle sehen, mit Co-Working-Spaces, Cafés, die zum Arbeiten einladen, Stadtteilen, die aufgewertet werden, weil ihre Bewohner*innen nicht nur zum Schlafen daheim sind.

Und alle anderen, die nicht einfach ins Homeoffice gehen können, weil sie im Pflegeheim oder Krankenhaus, auf dem Bau oder im Supermarkt vor Ort sein müssen?[144] Auch sie brauchen mehr Flexibiliät: Weil sie dabei hilft, Leben und Arbeit besser in Einklang miteinander zu bringen und die Hürde beseitigt, alle Erledigungen in zwei Tage Wochenende zu quetschen. Weil sie bei der Sorgearbeit entlastet. Weil sie dafür sorgen kann, zufriedener und besser zu arbeiten. Wie diese Flexibilität aussieht, kann unterschiedlich gestaltet werden. Administrative Aufgaben etwa – also all der Papierkram, der mit Arbeit oft einhergeht – oder Weiterbildungen können oft auch remote erledigt werden, wenn die Rahmenbedingungen dafür geschaffen werden. Eine andere Möglichkeit ist ein zeitlicher Ausgleich für alle, die nicht ins Homeoffice können: Das könnten etwa zusätzliche freie Tage sein, um Vorsorgetermine oder Gänge aufs Amt zu erleichtern und besser ins Leben zu integrieren. Denn wer dafür immer Urlaubstage nehmen muss, hat einen klaren Nachteil gegenüber Büroarbeitenden.

Aktuell ist es um die Flexibilität in anderen Branchen allerdings oft noch nicht so gut bestellt. Das zeigt sich beispielsweise in der Arbeit in der Produktion. »Das ist noch ziemlich weit in der Steinzeit«, sagt Moritz Hämmerle. Hämmerle leitet beim Fraunhofer-Institut für Arbeitswirtschaft und Organisation in Stuttgart den Forschungsbereich Cognitive Engineering and Production und das Future Work Lab. Er beschäftigt sich seit Jahren mit der Frage, wie sich die Industrie technisch verändert – und was das für die Arbeit in der Produktion bedeutet. »Wenn wir fragen, was sich die Leute wünschen, sind das oft ganz einfache Dinge: Teilzeit, mit Gleitzeit auch mal einen Tag freinehmen, Zeit für Pflege, eine Zeit lang weniger als Vollzeit arbeiten mit dem Recht auf Rückkehr«, sagt er.

Dass die Bedürfnisse anders sind als bei Bürobeschäftigten, hängt auch mit der Arbeit selbst zusammen. Wer in einer Fabrik arbeitet, wird vor Ort gebraucht: an den Maschinen, Anlagen und Linien. »Die Arbeit in der Fabrik ist viel festgelegter als im Büro«, sagt Hämmerle. Im Büro gebe es zwar eine Deadline für Aufgaben, aber der Weg dorthin sei relativ frei einteilbar. In Fabriken hingegen ist alles viel stärker durchgetaktet, die Lieferzeiten sind viel starrer. »Da brauche ich als Unternehmen heute eine Person, nicht irgendwann in den nächsten Wochen.«

Doch der Bedarf variiert. Er hängt vom Markt ab und von der Frage, wie viel in welchem Zeitraum produziert werden muss. Zum Beispiel, wenn Maschinen auch am Wochenende laufen. Da müsse gar nicht immer jemand den ganzen Tag da sein, erklärt Hämmerle an einem konkreten Fall: Manchmal brauche es nur für zwei oder drei Stunden eine Fachkraft, »aber die kriegt dann so viel Geld, als wäre sie fast den ganzen Tag da«. Verschiedene Arbeitskonten könnten den Angestellten zu mehr

Flexibilität verhelfen: Über ein Konto kann das Unternehmen verfügen, über eines die Mitarbeitenden – koordiniert werden beide in der Regel über Apps. Oft fehlen gut angelernte und qualifizierte Beschäftigte zu bestimmten Zeiten, zum Beispiel im Sommer zur Haupturlaubszeit. Gerade bei mittelständischen Unternehmen ist das ein Problem. Hämmerle sieht hier eine praktische Lösung, die mehr Flexibilität ermöglicht und trotzdem Sicherheit bietet: Multikontraktarbeit. Eine Person hat einen sicheren Vollzeitjob, der aber über zwei oder drei Unternehmen aufgeteilt ist. Für jedes Unternehmen gibt diese Person ihre Arbeitsbereitschaft in drei Phasen an: Eine Phase, in der sie auf jeden Fall arbeiten kann – idealerweise abgestimmt auf den Zeitraum, in dem das Unternehmen planbar großen Bedarf hat. Eine Phase, in der sie auf gar keinen Fall arbeiten kann, zum Beispiel wegen der eigenen Urlaubspläne. Und eine Phase, in der sie auf Abruf bereitstünde und einspringen könnte, wenn nötig. Andere Branchen haben ähnliche Modelle bereits umgesetzt. Hämmerle nennt Aldi und McDonald's als Beispiel. Zu Beginn der Corona-Pandemie waren Restaurants geschlossen und der Lebensmitteleinzelhandel suchte händeringend nach Personal. Also haben die beiden Unternehmen eine Personalpartnerschaft geschlossen: Mitarbeitende von McDonald's wurden zu Aldi vermittelt und zu den dort geltenden Konditionen befristet eingestellt – mit der Möglichkeit, danach wieder zu McDonald's zurückzukehren. Eine Win-win-Situation, von der auch Industrie und Handwerksbetriebe profitieren könnten, um den Fachkräftemangel auszugleichen. Bezahlt werden müsste ein solches Modell natürlich gut – und es müsste Sicherheit und gute Arbeitsbedingungen bieten, die Zeitarbeitsfirmen nicht liefern. Das einzige Problem dabei ist laut Hämmerle das deutsche Arbeitsrecht, das für eine solche Lösung noch nicht bereit sei.

Er glaubt außerdem, dass sich die Einstellung in der

Produktion ändern muss. Während Büros im Silicon-Valley-Stil umgebaut wurden, hat sich in Fabriken wenig getan, um Arbeitsplätze attraktiver zu gestalten. Das habe auch mit der Art von Arbeit zu tun, sagt Hämmerle. In Büros brauche es Kreativräume, die Menschen aus dem Bürokontext herausreißen, damit sie andere Gedanken fassen können. In der Fabrik hingegen seien alle es gewohnt, stärker auf die Kosten zu achten, die Produktivität steht sehr stark im Fokus. »Wenn zwei Leute im Büro zusammensitzen, geht der Chef vorbei und denkt möglicherweise, die reden bestimmt über das Projekt«, sagt Hämmerle. »Wenn zwei Leute in der Fabrik zusammenstehen, heißt

es heute noch viel zu oft: ›Jungs, habt ihr nichts zu schaffen?‹« Hier müsse sich dringend die Einstellung ändern.

Auch Weiterbildung müsse einen höheren Stellenwert bekommen und als relevanter Teil der Arbeit angesehen werden. Denn ohne konstante Weiterbildung wird es künftig in keinem Beruf mehr funktionieren – dafür dreht sich die Welt zu schnell.

Außerdem sind Angestellte und Vorgesetzte oft noch weit entfernt, was ihr Verständnis von Flexibilität angeht. Ein Beispiel dafür habe ich letztens in einem Café erlebt. Die Besitzerin wünschte sich, dass ihre Beschäftigten möglichst viele Zeiten angeben, zu denen sie arbeiten können. Sie sagte, dass diese Flexibilität für das Unternehmen wichtig sei. »Ich habe es so gelernt, dass man seine Termine um die Arbeit legt«, sagte sie. Die Angestellte, die in Teilzeit arbeitete, verteidigte ihre Sicht auf Flexibilität: Sie bestimme, wann sie arbeiten könne und die Arbeit müsse sich um ihr Leben herum arrangieren. Diese unterschiedlichen Sichtweisen werden in den kommenden Jahren weiterhin für Reibung sorgen. Aber so lange die Beschäftigten am längeren Hebel sitzen – was angesichts des Fachkräftemangels die Realität ist – wird sich die Sicht auf Flexibilität eher auf ihrer Seite einpendeln: flexibles Arbeiten, das sich ans Leben anpasst und nicht umgekehrt.

WAS WÄRE, WENN ARBEIT WIRKLICH GLEICHBERECHTIGT WÄRE?

Wenn wir Arbeit verändern wollen, geht es natürlich nicht nur ums Wo und Wann. Eines der größten Probleme unserer Arbeitswelt ist noch immer die Ungleichheit. In einer idealen Welt würde Arbeit (und auch der Rest des Lebens) für alle gleich gut funktionieren. Aber davon sind wir noch weit entfernt. Wenn wir in Zukunft wirklich besser arbeiten möchten, müssen wir auch für Gleichberechtigung sorgen.

Wenn in der Arbeitswelt von Gleichberechtigung gesprochen wird, hört man immer wieder drei Begriffe, mittlerweile oft mit den Buchstaben DEI abgekürzt. Diversity, Equity, Inclusion oder auf Deutsch: Diversität, Gerechtigkeit, Inklusion. Fast jedes Unternehmen hat diesen Dreiklang irgendwo verankert. Aber nur weil auf der Unternehmensseite etwas von Gleichberechtigung steht oder einmal im Jahr eine Regenbogenflagge am Empfang hängt, heißt das noch nicht, dass sich besonders viel tut. Außerdem reicht es nicht, nur auf die Unternehmen zu schauen. Denn ein großer Punkt, der uns von gleichberechtigter Arbeit abhält, ist die ungleiche (und ungerechte) Verteilung von Sorgearbeit. Um diese beiden Seiten von Ungerechtigkeit in der Arbeitswelt wird es in diesem Kapitel gehen.

»Bring your whole self to work«, heißt es immer so schön, wenn wir davon reden, dass Arbeit für alle funktionieren soll. Keine Sorge, du darfst ganz du selbst sein. Aber stimmt das wirklich? Natürlich nicht. Denn für manche Menschen ist Arbeit viel härter als für andere. Weil wir leider immer noch in Strukturen leben, die bestimmte Menschen bevorzugen. Und diese Menschen sind in Deutschland nun mal – sorry, ich muss es einmal so explizit aufschreiben – weiße Männer oder konkreter: weiße cis Männer ohne Behinderung, die aus Westdeutschland kommen.

Die Arbeitswelt, wie wir sie heute kennen, ist von ihnen und für sie gemacht. Wer nicht reinpasst in diese Schablone, hat Pech gehabt – und hat es schwerer, beruflich Fuß zu fassen, aufzusteigen, sich bei der Arbeit wohlzufühlen oder in Ruhe zu arbeiten. Wie sich das äußert, ist unterschiedlich: Für mich, als Schwarze Frau*, ist die Arbeitswelt eine andere als für einen queeren behinderten Mann oder eine Person, die trans ist. Aber sollten wir nicht alle gut arbeiten können?

Dafür ist der eben erwähnte Dreiklang unerlässlich: Diversity, Equity, Inclusion. Aber wofür stehen diese Begriffe? Diversität bedeutet, Menschen aus unterschiedlichen Realitäten zusammenzubringen und so eine vielfältige Arbeitswelt zu schaffen. Das bedeutet zum Beispiel, dass ich nicht die einzige Person of Color im Raum bin (oder die einzige Frau oder die einzige Person unter 40). Wenn Diversität gelingt, ist niemand alleine im Raum und wird darum gebeten, für eine ganze Gruppe zu sprechen. Aber das ist erst der Anfang. Es braucht noch mehr, näm-

---

* Ich schreibe Schwarz hier groß, weil es eine Selbstbeschreibung ist. Es geht hierbei nicht um (Haut-)Farbe, sondern um eine soziale und politische Position in einer mehrheitlich weiß dominierten Gesellschaft.

lich Equity und Inclusion. Equity bedeutet übersetzt Gerechtigkeit oder Gleichstellung. Nicht alle werden gleich behandelt (das wäre Equality), sondern alle werden individuell so unterstützt, dass sie ihre beste Arbeit machen können. Echte Chancengleichheit eben. Inclusion bedeutet, dass sich alle zugehörig und wertgeschätzt fühlen. Dass alle das Gefühl haben, ein Teil der Gruppe zu sein, und zwar genau so, wie sie sind, ohne sich verstellen zu müssen. Außerdem wird der Begriff oft verwendet, wenn es um die Teilhabe von Menschen mit Behinderung geht. Vernā Myers ist eine der bekanntesten Spezialist*innen im DEI-Bereich weltweit. Sie war bei Netflix für *Inclusion Strategy* verantwortlich, hat Bücher zum Thema geschrieben und Preise gewonnen. Eines ihrer Zitate ist sogar als Trademark geschützt. Auf Deutsch lässt es sich so übersetzen: »Diversität bedeutet, auf eine Party eingeladen zu werden. Inklusion bedeutet, zum Tanzen aufgefordert zu werden.«

Ich erinnere mich an viele Situationen, in denen ich zwar auf der Party war, aber von mir quasi verlangt wurde, allen anderen den Sekt anzureichen. Da war der ältere Kollege, der mich aufforderte, ihm Kaffee zu holen und ein Hotel zu buchen, schließlich habe er keine Sekretärin. Da war die Kollegin, die ungefragt meine Haare anfasste. Ja, das passiert so gut wie allen Schwarzen Frauen, und nein, es ist nicht okay. All die Tage, an denen ich gefragt wurde, woher ich denn *wirklich* komme. Das sind noch vergleichsweise harmlose Beispiele. Aber all diese Momente – sogenannte Mikroaggressionen – hinterlassen ihre Spuren. Wenn du immer wieder das Gefühl bekommst, anders zu sein, nicht dazuzugehören oder dich für deine Existenz rechtfertigen zu müssen, ist das anstrengend. Es ist ein ganz eigener Faktor, der zu Burnout führen kann.

Am schlimmsten waren für mich allerdings die Tage, an denen meine Welt zusammengebrochen ist und alle anderen so weitergemacht haben, als wäre nichts passiert. Nicht, weil ich ein privates Problem hatte, sondern weil sich die Welt mal wieder von ihrer schlechtesten Seite zeigte. Als ich von dem Mord an George Floyd gehört habe, der am 25. Mai 2020 in Minnesota in den USA von einem weißen Polizisten ermordet wurde, wusste ich nicht, wie ich das nächste Meeting überstehen soll, geschweige denn einen ganzen Arbeitstag. George Floyds letzte Worte waren »I can't breathe«, und ich soll einfach weiterarbeiten? George Floyd sah aus wie mein Vater, mein Onkel, mein Cousin. Er hätte genauso gut eines meiner Familienmitglieder sein können. Sein Tod fühlte sich persönlich an. Mir ging immer wieder ein Gedanke durch den Kopf: Es hätte genauso gut jemanden aus meiner Familie treffen können. Was das mit einem macht, ist kaum in Worte zu fassen – vor allem, wenn es immer wieder passiert. Denn es war natürlich nicht das erste Mal, dass ich ein Video gesehen habe, in dem ein Schwarzer Mensch von der Polizei getötet wurde, oder dass ich in den Nachrichten davon gelesen habe. Eric Garner, Michael Brown, Tamir Rice, Walter Scott, Alton Sterling, Philando Castile, Layleen Polanco, Atatiana Jefferson, Tony McDade, Breonna Taylor, Daunte Wright. Kennt ihr diese Namen? Ich kenne sie alle. Weil ihr Tod Teil meiner Realität ist. Für mich sind es Tage wie diese, an denen sich die Arbeit unmöglich anfühlt.

Vorfälle wie diese treffen bestimmte Communitys besonders hart. Die rassistischen Morde von Hanau. Die ableistischen, behindertenfeindlichen Morde im Oberlinhaus in Potsdam. Queer- und transfeindliche Angriffe auf Menschen wie Malte C., der starb, nachdem er auf dem CSD in Münster niedergeprügelt wurde. Und dann fängt der Arbeitstag an und niemand redet darüber oder fragt, wie es dir geht, während du dich am liebsten weinend ins Bett einrollen oder deine Wut in die Welt schreien möchtest. Immerhin: Nach George Floyds Tod war der Aufschrei aus der Schwarzen Community so groß, dass das Thema selbst in einigen Unternehmen angesprochen wurde.

Vielleicht wurde sogar eingeräumt, dass Schwarze Mitarbeiter*innen einen Tag Pause bräuchten und auch mal einen Termin verpassen dürften. Aber danach bitte wieder 100 Prozent
Produktivität. Wie bei Corona und bei der Klimakrise auch haben wir nicht die Chance, innezuhalten und uns dem eigentlichen Problem zu widmen. Stattdessen wird weitergearbeitet, als
wäre alles paletti.

Mehr als ein Viertel der Diskriminierungserfahrungen, die
der Antidiskriminierungsstelle des Bundes 2021 gemeldet wurden, passierten im Arbeitsleben. Rassistische, ableistische und
sexistische Diskriminierungen machten dabei knapp 90 Prozent aller Meldungen aus.[145] Viele Menschen fühlen sich bei der
Arbeit nicht sicher, verstanden oder gut aufgehoben. Und wenn
ich viele schreibe, dann meine ich viele. Die Hälfte der deutschen Bevölkerung sind Frauen. 13 Prozent von ihnen haben in
den vergangenen drei Jahren sexuelle Belästigung am Arbeitsplatz erlebt – doppelt so häufig wie Männer.[146] Gut ein Viertel
der Menschen in Deutschland haben einen Migrationshinter-
grund – sie selbst oder mindestens ein Elternteil sind also nicht
mit der deutschen Staatsbürgerschaft geboren.[147] Beim Afrozensus 2020, einer Befragung unter Schwarzen Menschen in
Deutschland, haben mehr als die Hälfte der Befragten angege-
ben, auf der Arbeit schon mal rassistisch beleidigt worden zu
sein.[148] Frauen, die ein Kopftuch tragen und einen türkischen
Namen haben, müssen 4,5 mal mehr Bewerbungen verschicken
als eine Bewerberin mit identischen Qualifikationen, die einen
deutschen Namen hat und kein Kopftuch trägt.[149] Arbeitnehmer*innen mit deutschem Pass bekommen 13 Prozent mehr
Stundenlohn als ausländische Arbeitnehmer*innen.[150] Ungefähr sieben Prozent der Bevölkerung identifizieren sich als
LGBT.[151] Knapp ein Viertel der queeren Beschäftigten wurde
in den letzten zwölf Monaten am Arbeitsplatz diskriminiert.[152]
Knapp zehn Prozent der Bevölkerung sind schwerbehindert[153] –

und häufig vom allgemeinen Arbeitsmarkt ausgeschlossen. Darauf gehe ich gleich noch ausführlicher ein, weil es besonders eindrücklich zeigt, wie wenig inklusiv unsere Arbeitswelt immer noch ist. Auch Alter, Religion, Kultur, Sprache, politische Einstellung, Bildung und soziale Herkunft sind Diversitätsmerkmale – und Gründe dafür, dass Menschen diskriminiert werden. Mehr als 30 Jahre nach der Wiedervereinigung gibt es auch immer noch ein Gefälle zwischen Ost- und Westdeutschland: Menschen in Ostdeutschland arbeiten weiterhin mehr, verdienen weniger und sind in Führungsetagen unterrepräsentiert.[154]

Noch schwieriger ist die Lage für alle, die mehrfach marginalisiert sind: Weil sie zum Beispiel Schwarze Frauen sind, trans People of Color oder queer und behindert. In diesen Fällen spricht man von Intersektionalität. Der Begriff wurde von der Schwarzen Juristin Kimberlé Crenshaw geprägt und beschreibt Mehrfachdiskriminierung und wie mehrere Diskriminierungsformen und -erfahrungen sich überschneiden und miteinander zusammenhängen. So wurde knapp die Hälfte der befragten Schwarzen cis Frauen im Afrozensus schon mal wegen ihres Geschlechts diskriminiert – aber nur 2,7 Prozent der Schwarzen cis Männer. Frauen mit Schwerbehinderung sind doppelt so häufig von Diskriminierung am Arbeitsplatz betroffen und häufiger von beruflichem Aufstieg ausgeschlossen.[155] Um das Zusammenwirken all dieser Faktoren geht es, wenn wir über Gleichberechtigung sprechen. Uns alle gleichberechtigt an der Arbeitswelt teilhaben zu lassen, das ist das Ziel.

Der Weg von Einzelnen dorthin ist oft immer noch schwer, weil es an Strukturen fehlt – und weil es noch immer wenig Vorbilder gibt. Niemanden, der schon mal einen ähnlichen beruflichen Weg gegangen ist und ähnliche Grundvoraussetzungen hatte. Produzentin und Drehbuchautorin Shonda Rhimes nennt das F.O.D.: *First. Only. Different.* Es sind diejenigen, die zuerst durch die Wiese gehen und hoffen, dass hinter ihnen ein

Trampelpfad entsteht, der irgendwann zu einer richtigen Straße ausgebaut wird. Sie »schleppen eine ganz besondere Verantwortung« mit sich herum – ob sie wollen oder nicht.[156] Beispiele für F.O.D.s in der Arbeitswelt sind Jennifer Morgan, die 2019 als erste Frau jemals einen DAX-Konzern (mit-)leitete. Oder Fränzi Kühne, die 2017 als damals jüngste Frau in den Aufsichtsrat eines börsennotierten Unternehmens gewählt wurde. Oder Cem Özdemir, der 2021 als erster Bundesminister mit türkischen Wurzeln vereidigt wurde.

Schon bei der Berufswahl gibt es oft Hürden. Wie soll ich meinen eigenen Weg gehen, wenn ich nicht weiß, welche Optionen es für mich überhaupt gibt? Wenn ich noch nie eine Person gesehen habe, die aussieht wie ich und den Beruf macht, von dem ich träume? »You can't be what you can't see«, sagte Marian Wright Edelman. Du kannst nicht werden, was du nicht sehen kannst. Alice Hasters schreibt in ihrem Buch *Was weiße Menschen nicht über Rassismus hören wollen, aber wissen sollten:* »Auf BIPoC*, die in einem überwiegend *weißen* Umfeld arbeiten, liegt eine ungewollte Verantwortung. Unser Karriereweg ist politisch. Die Entscheidungen, die wir treffen, sind so oft größer als wir selbst. Ich hoffe, dass BIPoC, die heute in der Schule sind, sich in mehr Dingen sehen können als ich früher. Dass sie früher verstehen, was sie alles sein können, ohne sich verstellen zu müssen.«[157] Journalistin zu sein, fühlte sich für mich – wie für Alice auch – lange seltsam an. Viele der Vorbilder in der Branche waren ältere weiße Männer. Schwarze Journalistinnen kannte ich in Deutschland keine. Das hat sich mittlerweile geändert, und das ist eine gute und wichtige Entwicklung.

Und trotzdem: An der Spitze ist die Arbeitswelt weiterhin ziemlich weiß und männlich. Wir haben quasi eine Männerquote, auch wenn das fast niemand so ausdrücken würde. Aber

---

* BIPoC steht für Black, Indigenous, People of Color. Der Begriff macht Schwarze und indigene Identitäten sichtbar. All diese Bezeichnungen sind selbst gewählt.

ist es statistisch gesehen wirklich realistisch, dass all die besten Leute für den Job genau gleich aussehen? Oder funktioniert die alte Arbeitswelt einfach nur besonders gut für diese Gruppe – weil sie es sind, die sie geschaffen haben?

WIE SEHR FRAUEN IN DER ARBEITSWELT IMMER NOCH BENACHTEILIGT SIND

Wie wenig gleichberechtigt die Arbeitswelt ist, sehen wir besonders schnell, wenn wir auf die Daten über Frauen schauen. Natürlich zeigen sie nicht die ganze Wahrheit: Es geht bei diesen Daten nur binär um das Geschlecht, alle anderen Faktoren von Diversität werden ausgeblendet. Aber dafür lässt sich mit dem Vergleich Frau–Mann einfach rechnen. Beide Gruppen stellen mehr oder weniger die Hälfte der Bevölkerung und die Hälfte der Erwerbstätigen.

In Deutschland machen Frauen weniger als 30 Prozent der Führungskräfte aus. Schaut man in die obersten Führungsetagen der großen Konzerne – also dahin, wo am meisten Geld und Macht konzentriert ist –, sieht es noch viel krasser aus. In den Vorständen der 160 börsennotierten Unternehmen in Deutschland lag der Frauenanteil im September 2021 bei unter 15 Prozent. Ungefähr die Hälfte dieser Großkonzerne hat gar keine Frau im Vorstand. Start-ups werden ebenfalls meist ohne Frauen groß: Unter den 30 Jungunternehmen, die in den letzten fünf Jahren in den Dax aufgenommen wurden, lag der Frauenanteil in den Vorständen im April 2021 bei gerade mal zehn Prozent.[158] Man spricht vom Thomas-Kreislauf: Thomas stellt Thomas stellt Thomas ein – es ist der häufigste Name in deutschen Börsenvorständen. Es gibt mehr Thomasse und Michaels in den Vorständen als Frauen.[159] Immerhin das sieht in der Start-up-Welt etwas anders aus: Da ist der häufigste Name nämlich Christian – und es gibt mehr Christians und Stefans als Frauen. Das ist wohl dieser *Culture Fit*, von dem immer alle reden.

In den Aufsichtsräten der 160 börsennotierten Unternehmen liegt der Frauenanteil mittlerweile bei rund einem Drittel – Quote sei Dank.[160] Zur Frauenquote für Aufsichtsräte kam 2021 eine Quote für Vorstände hinzu. Hat ein Vorstand mehr als drei Mitglieder, muss mindestens ein Posten an das unterrepräsentierte Geschlecht vergeben werden. Die Quotenregelungen gelten allerdings nur für ungefähr 100 Konzerne. 3 500 weitere Unternehmen müssen sich Zielgrößen setzen, um den Frauenanteil in Aufsichtsräten, Vorständen und den obersten Managementebenen zu erhöhen. Es gibt aber keine Sanktionen, wenn sie dagegen verstoßen. Außerdem ist die Zielgröße Null – also keine einzige Frau – erlaubt.[161] Es ist also vollkommen okay, wenn ein Unternehmen sagt, dass es lieber eine reine Männerrunde an der Firmenspitze möchte.

Auch wenn diese Zahlen ziemlich ernüchternd sind: dass wir eine Frauenquote haben, ist eine positive Entwicklung. Denn dass sich freiwillig nichts verändert, haben wir lange genug gesehen.[162] Idealerweise ist die Quote eine Übergangslösung, bis sich die Verhältnisse ausgeglichen haben. Unternehmen wissen in der Regel das Geschlecht und die Nationalität ihrer Mitarbeiter*innen. Der Frauenanteil etwa lässt sich so relativ leicht ausrechnen. Für die meisten anderen Diversitätsaspekte fehlen diese Daten allerdings. Wie viele People of Color es in Vorständen gibt? Wie viele queere Menschen? Dafür gibt es keine offiziellen Zahlen. In anderen Ländern ist das anders. In den USA veröffentlichen viele große Unternehmen Diversitätsdaten für ihre Belegschaft und die höchsten Führungspositionen. Die Daten sind dabei immer Eigenangaben der Beschäftigten. Niemand wird von außen einer gewissen Kategorie zugewiesen, sondern alle können selbst entscheiden, welche Beschreibung für sie die richtige ist. Dass diese Daten in Deutschland fehlen, ist ein Problem. Wie will man so feststellen, wo und wie viel noch nachgebessert werden muss, damit unsere Arbeitswelt diverser wird? Denn ohne Diversität wird es auch mit Gleichstellung und Inklusion schwer. Das ist übrigens nicht nur wichtig für die Menschen, für die die Arbeitswelt so endlich besser funktioniert. Es ist auch ein Wettbewerbsvorteil für Arbeitgeber*innen: Vier von zehn Fach- und Führungskräften in Deutschland achten bei der Suche nach einem neuen Job bewusst auf die Diversität des Unternehmens. 70 Prozent glauben, dass sie bessere Karrierechancen in einem Unternehmen haben, das sich glaubwürdig um Vielfalt und Chancengleichheit bemüht.[163] Unzählige Studien belegen, dass gemischte Teams besser arbeiten und mehr Umsatz bringen. Gleichzeitig stellen Studien fest, dass sich Diversität und Inklusion in deutschen Unternehmen nur langsam verbessern.[164] Wenn das Argument also sein muss, dass die deutsche Arbeitswelt diverser, gerechter und inklusiver werden muss, um künftig wirtschaftlich mithalten zu können, ist das für mich auch in Ordnung.

Natürlich geht es in der Arbeitswelt nicht nur um Großkonzerne und Führungsetagen – auch wenn die zur Illustration des Problems hilfreich sind. Die meisten Menschen werden nicht Finanzvorständin oder CEO, sondern haben normale Jobs, um Geld zu verdienen und sich ein gutes Leben aufzubauen. Aber auch das ist einfacher für alle, die weiß, männlich und nicht behindert ist. Und aus gutem Hause. Wir haben in Deutschland immer noch ein Problem mit dem sozialen Aufstieg durch Bildung: Wer nicht aus einem Haushalt kommt, in dem die Eltern bereits gut gebildet waren, hat auch selbst weniger Chancen, einen höheren Bildungsgrad zu erreichen. 79 von 100 Kindern von Akademiker*innen[165] beginnen ein Studium, bei den Kindern von Arbeiter*innen sind es nur 27 von 100. 6,2 Millionen erwachsene Menschen in Deutschland sind funktionale Analphabet*innen, mehr als die Hälfte von ihnen ist erwerbstätig.[166] Knapp die Hälfte der gering literalisierten Erwachsenen haben einen niedrigen Schulabschluss und/oder eine nicht deutsche Herkunftssprache. Wer nicht richtig lesen und schreiben kann, hat es im Arbeitsleben schwerer.

Migrant*innen arbeiten häufig in multipler Prekarität. Das bedeutet, dass nicht nur ihre Arbeitsverhältnisse oft unsicher sind, sondern auch ihre Lebensverhältnisse. Sie arbeiten eher in Niedriglohnbranchen, etwa als Reinigungs- oder Pflegekräfte, in der Fleischindustrie, der Landwirtschaft oder im Versandhandel. Sie werden schlechter bezahlt, haben eher befristete Verträge oder sind nicht sozialversicherungspflichtig beschäftigt.

Auch die Einbindung in einen Kreis aus Kolleg*innen fehlt häufig.[167] Inter*, trans* und nichtbinäre Menschen sind häufiger von Langzeitarbeitslosigkeit betroffen sowie eher prekär oder irregulär im Niedriglohnsektor tätig.[168] Menschen mit Behinderung arbeiten weiterhin häufiger in Teilzeit, sind eher Hilfsarbeitskräfte oder arbeiten nicht in ihrem erlernten Beruf – wenn sie es überhaupt in den allgemeinen Arbeitsmarkt schaffen.[169]

DIE FEHLENDE INKLUSION IM DEUTSCHEN ARBEITSMARKT

Für eine inklusivere Arbeitswelt gilt es, die eben beschriebenen Hürden zu beseitigen – oder sie zumindest teilweise abzubauen. Wie groß diese Hürden aktuell oft noch sind, lässt sich sehr gut am Beispiel einer Gruppe zeigen, die sehr groß und gleichzeitig am Arbeitsmarkt deutlich unterrepräsentiert ist: Menschen mit Behinderung. In Deutschland gibt es knapp acht Millionen schwerbehinderte Menschen – das sind 9,5 Prozent der Bevölkerung. Als schwerbehindert gilt, wer von Versorgungsämtern einen Grad der Behinderung von 50 und mehr zugewiesen bekommen hat. Etwa 40 Prozent der Bevölkerung leben mit chronischen Erkrankungen wie Arthrose, Diabetes, Multiple Sklerose (MS), Migräne, HIV oder psychischen Erkrankungen,[170] die dazu führen können, dass Menschen nicht oder weniger arbeiten können. Die Erwerbsquote unter Schwerbehinderten im Alter von 15 bis 64 liegt bei unter 60 Prozent. Bei nicht behinderten Menschen hingegen liegt sie über 80 Prozent.[171]

Corona hat diese Situation noch verschärft: Im Oktober 2021 waren gut acht Prozent mehr Menschen mit Schwerbehinderung in Deutschland arbeitslos als zwei Jahre zuvor. Die Inklusion fiel auf den Stand von 2016 zurück.[172] Behinderte Menschen suchen im Schnitt 100 Tage länger nach einer neuen Stelle als Menschen ohne Behinderung. Aber Inklusion ist ein Menschenrecht. Menschen mit Behinderung haben das gleiche Recht auf Arbeit wie nicht behinderte Menschen. Sie haben das Recht auf die Möglichkeit, durch Arbeit ihren Lebensunterhalt zu verdienen und ihre Arbeit frei zu wählen.

Doch oft scheitert es immer noch genau daran. »Wir sehen, dass seit Jahrzehnten viele Gelder geflossen sind, es Förderprogramme und Initiativen gab, aber sich wenig an den harten Zahlen geändert hat«, sagt Anne Gersdorff. Sie arbeitet bei der Organisation Sozialheld*innen. Als Referentin ist sie für das Projekt JOBinklusive zuständig, das mehr Beschäftigte mit Behinderung in den allgemeinen Arbeitsmarkt bringen will. Sie lebt mit einer Behinderung und sitzt im Rollstuhl.

Dabei ist die Teilhabe von Menschen mit Behinderung am Arbeitsplatz geregelt: Eigentlich müssen Unternehmen, die 20 Mitarbeiter*innen oder mehr haben, mindestens fünf Prozent ihrer Stellen mit schwerbehinderten Menschen besetzen. Wer diese Quote reißt, muss einen monatlichen Betrag bezahlen – die sogenannte Schwerbehindertenausgleichsabgabe. Monatlich werden zwischen 140 und 360 Euro pro unbesetztem Pflichtarbeitsplatz fällig.[173] Je weiter entfernt ein Unternehmen von den fünf Prozent ist, desto teurer wird es. Rund 75 Prozent der Unternehmen, für die diese Quote gilt, haben schwerbehinderte Menschen beschäftigt. Knapp die Hälfte von ihnen erfüllen die Beschäftigungspflicht trotzdem nur teilweise und müssen eine Ausgleichsabgabe zahlen.[174] Das Geld fließt teils in die Förderung von Menschen mit Behinderung und teils in die Finanzierung von Werkstätten für behinderte Menschen.

Aber genau diese Werkstätten für behinderte Menschen sind problematisch: Eigentlich sollen diese Werkstätten ihre insgesamt 320 000 Beschäftigten auf den allgemeinen Arbeitsmarkt vorbereiten, aber die Vermittlungsquote liegt bei unter einem Prozent.[175] In diesen Werkstätten erhalten die Beschäftigten keinen Mindestlohn, sondern verdienen im Schnitt etwa 1,35 Euro pro Stunde, bei Arbeitszeiten zwischen 35 und 40 Wochenstunden. Sie haben keinen normalen Status als Arbeitnehmer*innen und keine Arbeitsverträge, können also keine arbeitsrechtlichen Ansprüche geltend machen. Offiziell ist die Arbeit in Werkstätten für behinderte Menschen nämlich eine Rehabilitationsmaßnahme – obwohl die Werkstätten wirtschaftlich arbeiten und pro Jahr rund acht Milliarden Euro umsetzen. Viele der Beschäftigten müssen zusätzlich Sozialleistungen beziehen, weil der Lohn nicht zum Leben reicht. Ein Hauptpunkt von Inklusion wird ebenfalls nicht erfüllt: In diesen Werkstätten arbeiten Menschen mit Behinderung eben nicht mit nicht behinderten Kolleg*innen zusammen, sondern unter sich – segregiert von der regulären Arbeitswelt.[176] Viele große Unternehmen, wie Volkswagen oder Siemens, aber auch Start-ups lassen in Werkstätten für behinderte Menschen Produkte produzieren oder verlagern Dienstleistungen dorthin. Wer Aufträge an Behindertenwerkstätten vergibt, kann das nämlich bis zu 50 Prozent auf die Ausgleichsabgabe anrechnen lassen.

Neben diesen Werkstätten gibt es die Berufsbildungswerke, in denen Menschen mit Behinderung eine berufliche Ausbildung machen können. Doch auch dort werden meist nur behinderte Menschen ausgebildet und kein inklusives Umfeld geschaffen. Die Vermittlung in den allgemeinen Arbeitsmarkt findet kaum statt. »Wir haben ein sehr starkes Sondersystem aus Werkstätten für behinderte Menschen und Berufsbildungswerken. Daran haben wir gesellschaftlich festgehalten«, sagt Gersdorff. »Das System von Werkstätten und anderen Sondereinrichtungen muss langfristig weg.« Es könne nicht sein, dass dort für große Unternehmen produziert werde und kaum Geld an die Beschäftigten fließe. Menschen mit Behinderung würden zur Ausbildung und zum Arbeiten in besondere Einrichtungen gegeben – unter dem Deckmantel der Förderung, wie es Gersdorff nennt. Dass diese Werkstätten abgeschafft werden sollten, finden nicht nur Aktivist*innen wie Gersdorff, sondern auch der Fachausschuss der Vereinten Nationen: Der empfahl schon 2015, Werkstätten für behinderte Menschen schrittweise abzuschaffen, da sie im Widerspruch zum garantierten Recht auf Arbeit stehen, das in der UN-Behindertenrechtskonvention verankert ist.[177]

Erst langsam gibt es ein Umdenken. Daran könnte auch der Fachkräftemangel einen Anteil haben: »Viele Unternehmen nehmen lieber Menschen mit Behinderung, die vielleicht nur einen Teil der Aufgaben machen können, als gar keine Mitarbeiter*innen zu haben«, sagt Gersdorff. Sie findet das einerseits schwierig, andererseits öffne es vielleicht den Markt. Wenn es darum geht, wer eingestellt wird, suchen viele Unternehmen nur nach behinderten Menschen mit einem akademischen Abschluss. »Die wollen Menschen wie mich«, sagt Gersdorff, die unter anderem Soziale Arbeit studiert hat, »nicht Menschen, die psychische Beeinträchtigungen oder Lernschwierigkeiten haben und für die sie Prozesse oder Aufgaben ändern müssen.« Wenn Unternehmen an behinderte Menschen denken, denken sie oft an Menschen, die im Rollstuhl sitzen. Sie denken, sie könnten niemanden mit Behinderung einstellen, weil die Türen im Gebäude nicht breit genug sind oder es Treppen gibt. Das ist allerdings auf zwei Ebenen falsch: Zum einen gibt es viele Menschen, die zwar behindert sind, aber keinen Rollstuhl nutzen. Zum anderen gibt es viele Möglichkeiten, finanzielle Unterstützung für Umbauten zu bekommen. Welche Unternehmen es ernst meinen mit der Inklusion, könne man zum Beispiel daran erkennen, dass es Bilder von Menschen mit Behinderung auf der Unternehmensseite gebe, sagt Gersdorff. »Dass das Thema in Stellenanzeigen erwähnt wird. Dass es eine Ansprechperson gibt, deren Kontakt man auch findet.« Ihr wäre es am liebsten, wenn es in den Unternehmen eine intrinsische Motivation gäbe, mehr Menschen mit Behinderung einzustellen. »Aber solange das nicht möglich ist, könnte auch eine erhöhte Quote oder eine höhere Ausgleichsabgabe helfen«, sagt Gersdorff.

Ein großer Schritt hin zu mehr Inklusion wäre bessere Beratung. Als Gersdorff mit ihrem Studium fertig war, meldete sie sich bei der Agentur für Arbeit. Sie wurde an die Abteilung für Akademiker*innen verwiesen – bis sie ihre Behinderung erwähnte. Plötzlich war für sie eine andere Abteilung zuständig: die für Rehabilitation. Gersdorff wurde – wie viele andere behinderte Menschen auch – auf ihre Behinderung reduziert. Um ihre Qualifikation ging es nicht mehr. Oft werde Menschen mit Behinderung trotz Qualifikation nur zu Werkstätten für behinderte Menschen geraten, sagt Gersdorff. Viele Menschen mit Behinderung würden sich nicht zutrauen, bestimmte Stellen anzutreten. Hier brauche es mehr Empowerment. Außerdem müsse besser kommuniziert werden, welche finanzielle Unterstützung es gibt. Gersdorff beispielsweise hat einen speziellen Laptop, eine kleine mobile Rampe für Geschäftsreisen und ein Auto, das ihr mitfinanziert wurde. Ihre 24-Stunden-Assistenz ist gleichzeitig auch ihre Arbeitsassistenz. Sie baut ihr zum Beispiel den Laptop auf oder verteilt bei Workshops Arbeitsblätter. Das ermöglicht ihr mehr Teilhabe. So kann sie ihren Kolleg*innen

»auch was zurückgeben«, sagt sie. »Wir sind im Team gleichberechtigt. Zum Beispiel kann ich ihnen dadurch einen Kaffee mitbringen, statt immer nur selbst einen mitgebracht zu bekommen.«

Wie es besser klappen kann mit der Inklusion zeigt Schweden. Hier sind 71 Prozent der Menschen mit Behinderung im regulären Arbeitsmarkt tätig – in der gesamten Bevölkerung sind es 79 Prozent.[178] In Schweden gibt es wie in Deutschland auch Behindertenwerkstätten, aber sie spielen eine deutlich kleinere Rolle. Außerdem, und das ist der große Unterschied, gibt es in Schweden das Konzept des sogenannten *Supported Employment*: unterstützte Beschäftigung. *Supported Employment* soll dabei helfen, Menschen mit Behinderung in den allgemeinen Arbeitsmarkt zu integrieren. Wie das genau funktioniert, erklärt mir Johanna Gustafsson. Sie ist Dozentin an der Örebro Universität in Schweden und forscht derzeit in Norwegen. Sie hat Verhaltensforschung mit Schwerpunkt Psychologie studiert und ihren Doktor in *Disability Science* gemacht.

Beim *Supported Employment* bekommt die Person mit Behinderung eine*n Jobcoach*in zur Seite gestellt. »Die Unterstützung soll einer Person mit Behinderung die Möglichkeit geben, eine Beschäftigung zu finden, und ihr die soziale Eingliederung an einem Arbeitsplatz ihrer Wahl ermöglichen«, schreibt Gustafsson in einer Veröffentlichung zum Thema.[179] Diese Wahlmöglichkeit ist ein wichtiger Punkt, denn in Werkstätten für behinderte Menschen ist sie nicht gegeben. Das schwedische Modell ist nicht perfekt: Es konzentriert sich auf individuelle Lösungen anstelle von systemischen Veränderungen, und es unterstützt beim Start in den Job, aber nicht dabei, diesen Job auch längerfristig auszuüben.

Gustafsson glaubt trotzdem, dass das Prinzip von *Supported Employment* auch in anderen Ländern funktionieren kann: »Wenn Arbeitgeber*innen erst mal eine Person mit Behinderung in ihr Team aufgenommen haben und das gut läuft, sind sie danach bereit, mehr Menschen mit Behinderung einzustellen«, sagt sie mit Verweis auf die Studienlage. Die Arbeitgeber*innen würden merken, dass es eigentlich keine große Sache ist, mit behinderten Menschen zusammenzuarbeiten. Dass es nichts ist, wovor sie Angst haben müssen. »Die Vorstellung der Gesellschaft ist, dass behinderte Menschen nicht arbeiten können«, sagt Gustafsson. Aber diese gesellschaftliche Vorstellung könne verändert werden, wenn mehr und mehr Menschen mit Behinderung ganz normal am Arbeitsleben teilnehmen. »Das kann ein Modell für gesellschaftliche Repräsentation sein.«

Außerdem findet sie, dass wir anders über Menschen mit Behinderung sprechen sollten – nämlich nicht als eine große Gruppe ohne individuelle Züge: »Wenn wir darüber sprechen oder schreiben, wird die Behinderung oft zum hauptsächlichen sozialen Statusmerkmal der Menschen«, sagt Gustafsson. »Aber in der echten Welt ist das natürlich nicht so.« Menschen mit Behinderung sind genauso vielschichtig wie alle anderen auch: Sie sind Eltern, kommen aus unterschiedlichen Milieus, interessieren sich für unterschiedliche Dinge. Intersektionalität eben. Die Art der Behinderung bringt ebenfalls Unterschiede mit sich.

Menschen mit Behinderung nicht in den Arbeitsmarkt zu integrieren ist ungerecht. Gleichzeitig tun wir uns damit selbst keinen Gefallen – denn wir könnten alle jederzeit selbst auf Inklusion angewiesen sein. Eine Behinderung ist im Gegensatz zu den meisten anderen Diversitätsmerkmalen etwas, das Menschen im Laufe ihres Lebens erwerben. Nur drei Prozent der Behinderungen sind angeboren oder treten im ersten Lebensjahr auf. Der mit Abstand größte Teil, nämlich fast 90 Prozent der Behinderungen, wird durch Krankheiten verursacht.[180] Wie schnell es gehen kann, dass man selbst auf einmal mit einer Behinderung lebt, haben wir in den vergangenen Jahren gemerkt.

Wer die Nachwirkungen einer Corona-Erkrankung noch monatelang mit sich herumschleppt, leidet unter Long Covid.* Long Covid wird auch als *Mass Disabling Event* beschrieben: Innerhalb kurzer Zeit erwerben sehr viele Menschen eine neue Behinderung. Es entsteht eine neue Volkskrankheit, für die es noch an Expertise fehlt, für die es zu wenig Behandlungsplätze gibt, die oft fehl- oder gar nicht diagnostiziert wird. Long Covid kann zu Fatigue- oder Erschöpfungssyndrom führen, zu Konzentrationsproblemen, Schlafstörungen, Herzrhythmusstörungen, Blutgerinnseln, Atemschwierigkeiten, Schwindel, Kopfschmerzen, Nervenschmerzen, Depressionen. Die Liste an Symptomen ist lang.

Natürlich wirkt sich das auch auf die Arbeitswelt aus. Wie stark, das können wir bisher nur schätzen, denn die Corona-Pandemie ist (immer) noch nicht vorbei. Aber die ersten Daten zeigen: Die Auswirkungen könnten immens sein. Laut Weltgesundheitsorganisation WHO hatten mindestens 17 Millionen Menschen in Europa in den ersten zwei Jahren der Pandemie mit Long Covid zu kämpfen. Weltweit waren es fast 145 Millionen Menschen. Frauen sind zweimal so häufig betroffen wie Männer.[181] Die Wucht dieser Zahlen zeigt sich auch in der Arbeitswelt: Bei einer internationalen Studie berichteten rund 45 Prozent der befragten Long-Covid-Patient*innen, dass sie wegen ihrer Erkrankung ihre Arbeitszeit reduzieren mussten. Weitere 22 Prozent waren zur Zeit der Befragung gar nicht in der

---

* In der offiziellen Definition gibt es einen Unterschied zwischen Long Covid und Post Covid. Long Covid bezeichnet laut RKI gesundheitliche Beeinträchtigungen, die mehr als vier Wochen nach der Covid-Erkrankung bestehen bleiben. Bleiben die Beschwerden länger als 12 Wochen bestehen, spricht man von Post Covid. In den meisten Studien und im allgemeinen Sprachgebrauch wird dieser Unterschied jedoch kaum gemacht, weshalb ich hier nur von Long Covid schreibe.

Lage zu arbeiten.[182] Schätzungen gehen davon aus, dass 15 Prozent der mehr als zehn Millionen unbesetzten Stellen in den USA nicht besetzt werden können, weil zu viele Menschen an Long Covid leiden.[183] In Deutschland gab die Techniker Krankenkasse an, dass 2021 immer noch knapp ein Prozent der Versicherten krankgeschrieben war, die 2020 eine bestätigte Corona-Infektion hatten.[184] Die Krankheitsdauer lag im Schnitt bei 105 Tagen. Mittlerweile dürften diese Zahlen höher sein: Mit jeder neuen Corona-Welle steigen die Zahlen weiter. Seit 2020 haben sich Millionen weitere Menschen infiziert. Dazu kommt die Dunkelziffer. Nicht alle melden sich mit Symptomen wie starker Müdigkeit krank oder haben eine Infektion per PCR-Test bestätigt.

Viele Menschen, die erkranken, sind nicht finanziell abgesichert: Das Gehalt läuft bei Angestellten sechs Wochen weiter, danach gibt's Krankengeld. Ungefähr anderthalb Jahre nach der Erkrankung hören Arbeitgeber*innen und Krankenkassen in den meisten Fällen auf zu zahlen. Danach gibt es für ein bis zwei Jahre Arbeitslosengeld I. Und dann? Hartz IV oder Bürgergeld, wie es inzwischen heißt. Oft dauert es lange, bis Long Covid als Arbeitsunfall oder Berufskrankheit anerkannt wird, wenn die Anerkennung überhaupt durchgeht.[185] Es braucht also Lösungen: mehr Behandlungsplätze, mehr Investitionen in Forschung und Medikamente, finanzielle Absicherung für Betroffene und Unternehmen, die ihre Mitarbeitenden bei der Genesung unterstützen. Denn die kann sich hinziehen. Betriebsärzt*innen raten dazu, Beschäftigte langsam zurück in den Berufsalltag zu holen und Aufgaben neu zu gestalten oder zu reduzieren.[186] Viele Führungskräfte verstehen nicht, dass es bei Long Covid keinen Schalter gibt, der sich eines Tages umlegt und mit dem dann wieder 100 Prozent Leistung möglich sind. Stattdessen ist die Krankheit eher wie ein Schieberegler: An manchen Tagen geht mehr, an manchen weniger und an anderen vielleicht gar nichts.

Anne Gersdorff glaubt, dass viele Menschen sich jetzt – durch Corona und wegen Long Covid – stärker mit ihrer eigenen Verletzlichkeit auseinandersetzen müssen. »Wir wollen doch alle, dass zum Beispiel die super Kollegin nach einem Schlaganfall oder mit Long Covid wieder zurück an die Arbeit kann«, sagt sie, »auch wenn sie bestimmte Aufgaben vielleicht nicht mehr ganz oder nur anders übernehmen kann.«

Das merkt auch Martha Dudzinski. Sie leitet die SWANS Initiative, eine Organisation, die junge Akademikerinnen mit Zuwanderungsgeschichte fördert. Als sie sich mit Covid infizierte, zog sie sich ein paar Tage aus der Arbeit raus. Ein bisschen Halskratzen, ein bisschen Husten, ein bisschen Schnupfen, so beschreibt sie ihre Erkrankung, »angenehmer als jede Erkältung«. Martha war geimpft, rechnete also damit, schnell wieder fit zu sein. Eine Woche nach ihrem positiven Test setzte sie sich wieder an den Computer. Und stellte fest: Arbeiten ging nicht mehr. »Körperlich hatte ich keine Einschränkungen mehr, aber ich saß am Rechner, und mein Hirn war Matsch«, sagt sie. »Ich bin die ganze Zeit platt und ausgelaugt.« Sie merkte schnell, dass gar nichts mehr ging, wofür sie auf einen Bildschirm schauen muss, nicht einmal Netflix. »Dadurch, dass mein Kopf in diesem Dauer-Matsch-Zustand war, gab es auch keine Abhilfe«, sagt Martha. »Leute haben gesagt, ich soll meditieren. Ich bin Veganerin in Berlin. Natürlich bin ich auf die Idee gekommen zu meditieren. Aber mein Kopf kann sich nicht konzentrieren.«

Als wir miteinander telefonieren, hat sie einen guten Tag und genug Energie, um länger zu reden. Ihre Infektion ist da ungefähr sechs Monate her. Für Martha spielt – wie für viele andere Betroffene auch – *Pacing* eine große Rolle: Auf den Körper hören und schonend mit den eigenen Energieressourcen umgehen. Bloß nicht überlasten. Es ist ein ewiges Abwägen. Martha musste lernen, Grenzen zu ziehen und ihre Zeit und Energie zu schützen. Irgendwann hat sie gemerkt, dass eine Stunde am Computer geht – maximal.»Ich habe aber nicht immer konsequent genug aufgehört, als mein Kopf gesagt hat, es reicht«, sagt sie. Sie sei dann für den Rest des Tages nicht mehr zu gebrauchen.»Ich muss stark priorisieren. Nicht zwischen dem, was ich will und weniger will. Sondern was ich unbedingt machen muss.«

Long Covid hat nicht nur ihr Arbeitsleben verändert, sondern auch ihre Freizeit. Soziale Kontakte sind nicht mehr im selben Maß möglich wie früher.»Das war für mich sehr frustrierend, weil ich doch schon aufs Produktivsein verzichtet habe. Wenn Produktivität und Extrovertiertheit die zwei Sachen sind, die dich als Person ausmachen und du beides nicht mehr machen kannst, dann ist nichts mehr übrig«, sagt sie. In ihrem beruflichen und privaten Umfeld muss sie sich immer wieder erklären.»Ich sage seit einem halben Jahr, dass ich krank bin. Und Leute wundern sich, wenn es zwei Tage später nicht vorbei ist.« Am Anfang hatte Martha noch Hoffnung, dass ein langer Urlaub helfen würde. Dass ihr Hirn sich genug ausruhen könne und danach alles vorbei wäre. Dem war aber nicht so.»Ich habe mich jetzt damit abgefunden, dass das mein Leben ist«, sagt sie.

Long Covid könnte dazu führen, dass wir anders über Produktivität und Leistung nachdenken, glaubt Anne Gersdorff:»Unser aktuelles Konzept von Leistungsfähigkeit fliegt uns um die Ohren. Was bedeutet das überhaupt, leistungsfähig? In der Arbeit entwickeln wir Freund*innenschaften, machen neue Erfahrungen. Davon können wir eine bestimmte Gruppe nicht einfach ausschließen. Wir alle haben Wert, nicht nur, wer am meisten produziert.«

WIE KANN UNSERE ARBEITSWELT DIVERSER UND INKLUSIVER WERDEN?

Damit unsere Arbeitswelt wirklich divers und inklusiv wird, gilt erst einmal das Gleiche wie in anderen Bereichen auch: Es braucht eine Strategie, es braucht jemanden, der dafür verantwortlich ist, diese Strategie umzusetzen, und es braucht Unterstützung von ganz oben. Das gilt für Politik und für Unternehmen. Diversität und Inklusion müssen mehr sein als nur Schlagwörter. Und nein, es ist nicht okay, marginalisierte Mitarbeiter*innen unbezahlt die DEI-Arbeit zusätzlich zu ihrem eigentlichen Job machen zu lassen. Diversity, Equity und Inclusion ist ein Unternehmensbereich wie jeder andere auch. Es benötigt konkrete Maßnahmen, echte Investitionen (ja, auch Geld) und eine klare Erfolgsmessung.

Wie das konkret aussehen kann? In Unternehmen bedeutet es, die Prozesse zu verändern – und im Zweifelsfall komplett neu zu denken. Ein wichtiger Hebel ist zum Beispiel die Art, wie Unternehmen Stellen ausschreiben und besetzen. Werden in Stellenbeschreibungen »Rockstars« und »Ninjas« gesucht, die in erster Linie leistungsfähig sein müssen? Dann braucht sich niemand zu wundern, wenn sich nur Start-up-Dudes bewerben. Wer familienfreundlich sein will, sollte lieber kommunizieren, dass Jobsharing oder Remote Work eine Möglichkeit ist. »Wir sind barrierefrei« klingt zwar super, aber darf nicht nur »wir haben keine Treppen im Büro« bedeuten. Wie ist es um die Barrierefreiheit für hör- oder sehbehinderte Menschen, Autist*innen oder Menschen mit Lernschwierigkeiten bestellt? Inwiefern ist das Unternehmen bereit, Arbeitsaufgaben anzupassen oder Rollenbeschreibungen abzuändern?

Auch Bewerbungsprozesse müssen neu gedacht werden. Nicht in allen Ländern sind Fotos im Lebenslauf üblich, in einigen – wie den USA oder Großbritannien – sind sie sogar verboten. Wenn es wirklich um die Qualifikation geht (und nicht um Geschlecht, Namen oder Herkunft), dann werden künftig auch nicht mehr nur weiße Männer in den Führungsetagen sitzen. Quoten helfen dabei, die Zeit bis dahin zu überbrücken. Aber damit Quotenregelungen funktionieren, braucht es Datenerfassung, um zu sehen, wo wir überhaupt gerade stehen. Gibt es eine Quote, um einen möglichst diversen Pool an Kandidat*innen für neue Stellen zu haben – und so die Chance zu erhöhen, dass Stellen divers besetzt werden? Gibt es den Anspruch, jedes einzelne Team so divers wie möglich zu besetzen? Werden Führungskräfte daran gemessen, ob sie Diversitätsziele erreichen? Wenn nicht, muss das geändert werden. Frauen, People of Color, queere Menschen, Menschen mit Behinderung und andere marginalisierte Gruppen sollten konkret gefördert, auf Führungspositionen vorbereitet und dann auch wirklich befördert werden – und genauso gut bezahlt werden wie alle anderen auch. Recruiting-Teams sollten möglichst divers besetzt sein und regelmäßig hinsichtlich Diversität und Inklusion geschult werden. Sorry, aber ein halbstündiges Video im Jahr reicht nicht!

Benefits – also Vorteile für die Mitarbeiter*innen – sollten inklusiv gestaltet werden: Wenn es Unterstützung für die Familiengründung gibt, sollte diese auch queeren Mitarbeiter*innen und Singles zustehen. Nicht nur für die Kinderbetreuung sollte es finanzielle Unterstützung geben, sondern auch für das Pflegeheim der Eltern. Wie wäre es mit einer Betriebskita, die vom Unternehmen subventioniert wird? Werden Sprachkurse für zugewanderte Menschen angeboten? Auch Angebote zur mentalen Gesundheit, die explizit für queere oder migrantische Menschen gestaltet sind, helfen dabei, das Arbeitsleben angenehmer zu gestalten.

Am Ende ist es wichtig, echte Veränderung anzustoßen, und nicht nur einen Diversity-Sticker aufs Unternehmen zu kleben. Das fliegt schnell auf und damit ist niemandem geholfen. »Repräsentation ist kein gemeinnütziger Akt«, schreibt die Schwarze Unternehmerin Minda Harts in ihrem Buch *The Memo*.[187] »Es ist eine bewusste Maßnahme, die die Kraft hat, unsere Denkweisen und sogar die Haltung von Generationen zu verändern.« Sie könne aus persönlicher Erfahrung erzählen, dass es hart sei, sich weiter reinzuhängen, wenn People of Color nie befördert werden – oder wenn Vorgesetzte zwar sagen, wie wichtig ihnen Diversität und Inklusion sind, aber sich nichts ändert. »Wie sollen wir unsere beste Arbeit machen und positiv bleiben, wenn wir ständig diesen Mangel an Sensibilität von unseren Vorgesetzten erfahren?«, schreibt sie.

WAS WÄRE, WENN SORGEARBEIT GERECHT VERTEILT WÄRE?

Eine gerechtere Arbeitswelt wird allerdings nicht nur am Arbeitsplatz selbst geschaffen – sondern auch zu Hause. Wenn wir über Work-Life-Balance sprechen – vor allem im Zeitalter von Doppelverdiener-Familien –, dann bedeutet Leben oft Familie. Und Familie bedeutet in diesem Kontext oft unbezahlte Arbeit, schreibt Journalistin Sarah Jaffe.[188] Die Frage ist in vielen Fällen nicht, wie Erwerbsarbeit und Leben in Einklang gebracht werden können. Die Frage ist vielmehr, wie ich es schaffe, mich zusätzlich zu meinem Job auch noch um Haushalt, Kinder und alles andere zu kümmern, das funktionieren muss, damit das familiäre Leben nicht zusammenbricht.

Wenn wir dafür sorgen wollen, dass die Arbeitswelt wirklich gerechter wird – und für alle Menschen funktioniert –, müssen wir über Geld sprechen und darüber, wer arbeitet, ohne bezahlt zu werden. Frauen sind nicht nur in Führungspositionen unterrepräsentiert, sondern auch unterbezahlt: Der sogenannte *Gender Pay Gap* schlüsselt auf, wie viel Frauen und Männer in Deutschland durchschnittlich pro Stunde verdienen. 2021 verdienten Frauen 18 Prozent weniger. Pro Stunde ist das ein Unterschied – oder ein Gap, eine Lücke – von mehr als vier Euro. Teilweise lässt sich der *Gender Pay Gap* damit erklären, dass Frauen häufiger in schlecht bezahlten Branchen und Berufen arbeiten: Pflege und Erziehung, zum Beispiel. Oder sind diese Berufe am Ende etwa schlecht bezahlt, eben weil sie vor allem von Frauen ausgeübt werden? Außerdem haben Frauen seltener gut bezahlte Führungspositionen. Aber selbst, wenn man all das herausrechnet und auf den sogenannten bereinigten *Gender Pay Gap* schaut, gibt es noch einen Unterschied von rund sechs Prozent.[189]

Auch hier ergibt sich mit dem intersektionalen Blick noch mal ein anderes Bild: Frauen mit Schwerbehinderung verdienen im Vergleich zu schwerbehinderten Männern 667 Euro netto weniger pro Monat.[190] Migrantinnen verdienen rund 20 Prozent weniger als Frauen mit Herkunftsland Deutschland.[191] In den USA ist – wegen der besseren Datenlage – sogar noch stärker aufgeschlüsselt, wer wie wenig verdient: Latinas verdienen 49 Cent pro US-Dollar, den ein weißer nicht hispanischer Mann verdient. Indigene Amerikanerinnen verdienen 50 Cent, Schwarze Frauen 58 Cent, weiße Frauen 73 Cent.[192]

Der *Gender Pay Gap* schaut außerdem nur auf den Stundenlohn, nicht darauf, wie viel am Monatsende wirklich auf der Gehaltsabrechnung steht. Das macht wegen der hohen Teilzeitquote aber auch einen massiven Unterschied. Fast die Hälfte aller Frauen arbeiten in Teilzeit, aber gerade mal elf Prozent der Männer. Der Anteil an Frauen, die in Teilzeit arbeiten, hat sich in den vergangenen Jahren immer weiter erhöht. Besonders hoch ist die Teilzeitquote unter Müttern: Zwei Drittel der erwerbstätigen Mütter arbeiten in Teilzeit, aber nur sieben Prozent der Väter. In kaum einem anderen Land der EU ist die Teilzeitquote unter Müttern mit jüngeren Kindern so hoch: Sie arbeiten in Deutschland fast doppelt so oft in Teilzeit wie im EU-Durchschnitt.[193] Das führt zu großen Unterschieden beim Lebenseinkommen – also beim gesamten Einkommen, das Menschen ihr Arbeitsleben über verdienen. Bei Müttern liegt der lebenslange Verdienst deutlich unter 600 000 Euro – während er bei Männern gesamt bei über einer Million liegt. Wie stark sich die gesellschaftlichen Rahmenbedingungen auf die Einkünfte von Müttern auswirken, zeigt der Unterschied zwischen Ost- und Westdeutschland. In Ostdeutschland kehren Mütter früher nach der Geburt an den Arbeitsplatz zurück und arbeiten häufiger Vollzeit. Auch die Kinderbetreuung ist besser ausgebaut. Das sorgt dafür, dass der Unterschied im lebenslangen Einkommen dort geringer ist: Mütter verdienen in Westdeutschland 62 Prozent weniger als Männer. In Ostdeutschland beträgt der Unterschied 48 Prozent. Dass Kinder der entscheidende Faktor sind, zeigen die Daten für Frauen ohne Kinder: Sie verdienen in Westdeutschland 13 Prozent und in Ostdeutschland drei Prozent weniger als Männer. In den USA spricht man von der *Motherhood Lifetime Penalty*: Mütter werden ihr Leben lang finanziell dafür bestraft, Kinder zu haben. Je mehr Kinder eine Frau hat, desto mehr Geld verliert sie im Vergleich zu kinderlosen Frauen. Mit dem ersten Kind verliert eine Mutter in Westdeutschland schon 43 Prozent ihres lebenslangen Einkommens. Hat sie drei oder mehr Kinder, landet sie am Ende bei Einbußen von 68 Prozent. Väter hingegen werden nicht dafür bestraft, Kinder zu haben.

Sie verdienen sogar bis zu 20 Prozent mehr als das durchschnittliche Lebenseinkommen aller Männer.[194]

Zum *Gender Pay Gap* kommt der *Gender Pension Gap*. Auch im Alter haben Frauen deutlich weniger Geld zur Verfügung und rutschen häufiger in Altersarmut. Der *Gender Pension Gap* liegt in Deutschland bei knapp 50 Prozent: So viel niedriger ist die Alterssicherung von Frauen im Vergleich zu Männern. Besonders groß ist die Lücke für verheiratete und verwitwete Frauen, Frauen mit niedrigerem Berufsabschluss und ältere Rentnerinnen.[195] In Ostdeutschland ist der *Gender Pension Gap* mit 23 Prozent deutlich niedriger als in Westdeutschland, wo er bei 55 Prozent liegt – was ebenfalls an den unterschiedlichen Strukturen liegt.[196]

Der Grund für diese finanzielle Diskrepanz zwischen Männern und Frauen ist, dass Sorge- und Erziehungsarbeit immer noch überproportional an Frauen hängen bleibt. Frauen passen auf Kinder auf, spielen mit ihnen, erziehen sie, wickeln und kochen und packen Brotzeit ein, sie putzen die Wohnung, gehen einkaufen und sorgen dafür, dass das Leben zu Hause weiterläuft. Diese unbezahlte Arbeit macht es überhaupt möglich, dass bezahlte Arbeit in großem Stil stattfinden kann. Oder wie die politische Philosophin Silvia Federici es formuliert:»Das bedeutet, dass hinter jeder Fabrik, jeder Schule, jedem Büro und jedem Bergwerk die unsichtbare Arbeit von Millionen Frauen steckt, die ihr Leben und ihre Arbeit darauf verwendet haben, diese Arbeitskraft, die in den Fabriken, Schulen, Büros und Bergwerken arbeitet, zu produzieren.«[197] Würde diese Sorgearbeit nicht verrichtet, gäbe es auch keine Kapazitäten für andere Arbeit – denn wer würde sich dann um Kinder oder pflegebedürftige Menschen kümmern?

Weltweit übernehmen Frauen und Mädchen mehr als drei Viertel der unbezahlten Care-Arbeit. Arbeit, die pro Jahr laut einer Schätzung von Oxfam mindestens 10,8 Billionen US-Dollar wert ist.[198] Das ist dreimal so viel wie die IT-Branche weltweit umsetzt. Wer mehr Wertschätzung erfährt, muss ich hier wohl nicht explizit erwähnen. Selbst wenn der Wert von unbezahlter Sorgearbeit in Deutschland vergleichsweise vorsichtig geschätzt wird, beträgt er etwa ein Drittel des Bruttoinlandsprodukts.[199]

Warum, wird deutlich, wenn man sich anschaut, wie viel Zeit in unbezahlte Arbeit fließt. Insgesamt wird in Deutschland ungefähr ein Drittel mehr unbezahlte Arbeit geleistet als bezahlte Arbeit. Schlüsseln wir das einmal auf: Stellt euch ein Paar vor – der Datenlage wegen wieder Mann–Frau. Die Frau geht an einem normalen Wochentag im Schnitt knapp fünfeinhalb Stunden bezahlter Arbeit nach, der Mann gut achteinhalb Stunden. Insgesamt sind ihre Arbeitstage aber ungefähr gleich lang, nämlich rund elf Stunden. Der große Unterschied: Die Frau verbringt zwei Stunden unbezahlte Arbeitszeit mit Kinderbetreuung, eine Stunde mit Besorgungen, sie wäscht, sie putzt, sie kocht. Am Ende des Tages wurde der Mann für den Großteil seiner Arbeit bezahlt, während die Frau den Großteil ihres Tages unbezahlt gearbeitet hat. Zum *Gender Pay Gap* kommt also der *Gender Care Gap*: Frauen übernehmen einfach viel mehr Sorgearbeit.

Noch krasser wird der Unterschied, wenn kleine Kinder im Haushalt leben. Dann verbringen Frauen unter der Woche dreimal so viel Zeit mit Kochen, Putzen und Wäschewaschen wie Männer.[200] Die Verteilung ist extrem ungerecht – und das hat sich auch in den vergangenen Jahrzehnten kaum verändert. Das ist besonders absurd, wenn man bedenkt, dass heute viel mehr Frauen erwerbsarbeiten als noch vor 25 Jahren. Zwar übernehmen Männer statistisch gesehen heute einen etwas größeren Anteil von Hausarbeit und Kinderbetreuung – aber das ist ein rein statistischer Effekt[201]: Der Anstieg ist nicht darauf zurückzuführen, dass Männer mehr machen, sondern dass Frauen weniger Zeit mit Kochen, Putzen, Waschen und Kinderbetreuung verbringen als früher – auch weil Gutverdiener*innen einen Teil dieser Arbeit auslagern. Frauen leisten also mehr Erwerbsarbeit und schultern trotzdem weiterhin den Großteil der Sorgearbeit. Dass so viele nur in Teilzeit arbeiten, liegt ebenfalls an dieser ungleichen Verteilung: Drei Viertel der Mütter nennen Kinderbetreuung oder sonstige persönliche oder familiäre Verpflichtungen als Grund dafür, dass sie Teilzeit arbeiten.[202] Ein Tag hat schließlich nur 24 Stunden. Der wichtigste Hebel für Veränderung sind also die Männer: Sie müssen deutlich mehr Hausarbeit und Kinderbetreuung übernehmen – über den statistischen Effekt hinaus.

Wie wichtig das ist, hat die Corona-Pandemie gezeigt. Sie hat Mütter zusätzlich gestresst und belastet – und die Ungleichheit zwischen den Geschlechtern noch mal verstärkt. Die Soziologin Jutta Allmendinger schreibt im Mai 2020 in einem Gastbeitrag in der *Zeit*: »Wir erleben eine entsetzliche Retraditionalisierung. Die Aufgabenverteilung zwischen Männern und Frauen ist wie in alten Zeiten, eine Rolle zurück.«[203] Jede fünfte Mutter mit betreuungsbedürftigen Kindern hatte im Januar 2022 ihre Arbeitszeit reduziert – obwohl Schulen und Kitas zu diesem Zeitpunkt offen waren. Bei den Vätern waren es nur knapp sechs Prozent.[204] Wenn jeder Schnupfen dazu führen kann, dass das Kind daheim betreut werden muss, oder es so viele Krankheitsfälle in der Kita gibt, dass die Betreuung nicht mehr sichergestellt werden kann, ist die Einrichtung zwar offiziell offen, aber wirklich planen kann man damit nicht.

Neben der Kinderbetreuung und -erziehung übernehmen Frauen auch größtenteils die Pflege von Angehörigen. 80 Prozent der Pflegebedürftigen in Deutschland werden zu Hause versorgt, ein großer Teil davon überwiegend von Angehörigen. Auch hier macht sich der demografische Wandel bemerkbar: Die Zahl der Pflegebedürftigen ist in Deutschland in den vergangenen Jahren stark angestiegen, in den vergangenen 20 Jahren hat sie sich auf mehr als vier Millionen verdoppelt.[205] Weil die Deutschen immer älter werden, müssen wir uns darauf vorbereiten, dass Pflege ein zunehmend wichtiger Teil unserer Gesellschaft wird.

Aber die unbezahlte Arbeit der häuslichen Pflege ist extrem ungleich verteilt: Mehr als zwei Drittel der pflegenden Angehörigen sind Frauen. Im Schnitt nimmt die Pflege 21 Stunden pro Woche in Anspruch, daneben ist oft nur noch Teilzeitarbeit möglich. Im Durchschnitt beträgt die Zeit, in der Angehörige gepflegt werden müssen, vier Jahre. Fast jede zweite Pflegeperson reduziert deshalb ihre Arbeitszeit, die Erwerbsquote unter

Pflegenden ist deutlich niedriger.[206] 20 Prozent der pflegenden Angehörigen sind armutsgefährdet. Der Sozialverband VdK fordert deshalb einen Lohn für pflegende Angehörige, dessen Höhe sich nach dem Pflegeaufwand richten soll – nicht nach dem letzten Gehalt.[207] Aktuell gibt es zwar die Möglichkeit, sich zur Pflege von Angehörigen von der Arbeit freistellen zu lassen, bezahlt wird dies jedoch nicht.

Aber warum sind wir überhaupt immer noch in der Situation, dass Sorgearbeit größtenteils an Frauen – und insbesondere Müttern – hängen bleibt? Das hat mehrere Gründe. Wenn es um reproduktive Arbeit, die Arbeit des Mutterseins, geht, ist diese für viele Menschen unsichtbar. Schließlich findet sie daheim statt, hinter verschlossenen Türen. »Dieser private, häusliche Raum wird für die Domäne der Frauen gehalten, und es wird erwartet, dass wir das Ausmaß unserer politischen und sozialen Macht dort ausüben«, schreibt Angela Garbes in ihrem Buch *Essential Labor*.[208] Ab dem 17. Jahrhundert veränderte sich die Art und Weise, wie Arbeit funktionierte. *The Great Domestication* wird diese Phase auch genannt – die große Domestizierung.[209] Männer verließen das Leben in der Gemeinschaft und fingen an, für Arbeitgeber*innen auf Feldern und in Fabriken zu arbeiten. Dafür wurden sie individuell bezahlt. Frauen blieben daheim und kümmerten sich um den Haushalt. Sie sorgten dafür, dass die Männer satt waren, es bequem hatten, und gebaren die nächste Generation an Arbeitern. »Das hat den Weg bereitet für den Aufstieg der Kernfamilie als die vorherrschende Art und Weise, unser Leben zu organisieren«, schreibt Garbes. So wurde die Ansicht zementiert, »dass häusliche Arbeit Frauenarbeit ist, natürlich und gut, verrichtet ohne Erwartung einer Vergütung: eine Arbeit aus Liebe«.

Lange war alles darauf ausgerichtet, dass der Mann arbeiten ging und genug Geld für die ganze Familie nach Hause brachte.

Sogar die 40-Stunden-Woche war noch so konzipiert, dass die Frau zu Hause blieb und sich um Haus und Kinder kümmerte. Henry Ford führte in seinen Autofabriken 1926 als eines der ersten Unternehmen die 40-Stunden-Woche ein. Ford war einer der Vertreter vom *Family Wage*: ein Lohn, der für die ganze Familie ausreicht. Aber dafür mussten Angestellte sich qualifizieren. Ford hatte sogar ein ganzes Team, das den Anspruch prüfte. Als Teil dieser Prüfung besuchten sie die Häuser der Arbeiter, um sicherzustellen, dass deren Frauen ebenfalls hart arbeiteten – und zwar Vollzeit, unbezahlt, zu Hause.[210]

Immerhin, das hat sich verändert. Dafür müssen Frauen heute beides leisten: Erwerbsarbeit und Sorgearbeit. Das nennt man auch *Second Shift*, abgeleitet vom gleichnamigen Buchtitel der Soziologin Arlie Russell Hochschild: Nach ihrer ersten Schicht in der Arbeit kommen Mütter nach Hause und beginnen ihre zweite Schicht der Sorgearbeit. Für manche Frauen, die mehr als einen Job haben, ist es sogar die dritte Schicht.

VOM FRAUENSTREIK UND (POLITISCHEN) LÖSUNGEN

Wenn wir das Problem also sehen, was können wir machen? Seit Jahrzehnten wird immer wieder darüber diskutiert, ob Sorgearbeit nicht auch bezahlt werden müsste, um dieses Ungleichgewicht auszugleichen. In den 1970er-Jahren forderten Feministinnen einen Lohn für Hausarbeit. In Island gab es am 24. Oktober 1975 einen landesweiten Frauenruhetag: Frauen legten die Arbeit nieder, sie kochten und putzten nicht, sie kümmerten sich nicht um die Kinder. 90 Prozent der isländischen Frauen nahmen daran teil, nur Krankenpflegerinnen und Ärztinnen arbeiteten. Väter blieben alleine mit ihren Kindern zurück, Kitas, Schulen, Kinos, Fischfabriken waren geschlossen. Viele Frauen trafen sich in Reykjavík, kochten und aßen gemeinsam, und gingen am Nachmittag auf die Straße: Mehr als 20000 Menschen kamen zur Demonstration. Sie forderten einen höheren Frauenanteil im isländischen Parlament, gleiche Bezahlung und eine gerechtere Verteilung der Care-Arbeit. Der »lange Freitag« hatte Erfolg: Ein Jahr später verabschiedete das Parlament ein Gleichstellungsgesetz. 1980 wurde in Island die erste Frau weltweit zum Staatsoberhaupt gewählt.[211] 2022 lag Island beim *Global Gender Gap Report*[212] des Weltwirtschaftsforums auf Platz 1 – wie in den Jahren zuvor auch.

Der Bericht schaut auf die Gleichberechtigung der Geschlechter in den Bereichen Wirtschaft, Bildung, Gesundheit und Politik. Als einziges Land hat Island die Lücke zwischen den Geschlechtern zu mehr als 90 Prozent geschlossen. Wenn es auf der Welt so weitergeht wie bisher, wird es allerdings noch 132 Jahre dauern, bis wir echte Gleichberechtigung zwischen den Geschlechtern haben.[213] »Die Arbeit von Müttern darf gegenüber bezahlter Arbeit nicht mehr als zusätzlich oder minderwertig angesehen werden«, schreibt Angela Garbes. »Wenn wir häusliche Arbeit als essenzielle Arbeit verstehen und die Bedeutung für die globale Arbeitsbewegung betonen, ermöglichen wir Solidarität zwischen betreuenden Menschen, Müttern und allen Arbeitenden.«[214]

Die Schwarze US-Aktivistin Angela Davis geht noch einen Schritt weiter: Ihrer Meinung nach sollte Hausarbeit nicht einfach nur gerecht verteilt werden, sondern vom Privaten ins öffentliche, wirtschaftliche Leben integriert werden. In ihrem Buch *Women, Race & Class* aus dem Jahr 1981 schreibt sie:»Wenn es überhaupt möglich wäre, die Vorstellung von der Hausarbeit als Frauenarbeit zu eliminieren und gleichzeitig zu gleichen Teilen auf Männer und Frauen aufzuteilen, wäre das schon eine befriedigende Lösung? Würde Hausarbeit, aus der exklusiven Fixierung auf das weibliche Geschlecht befreit, aufhören, unterdrückerisch zu sein?« Ihr Urteil: nein. »Schließlich sollten weder Frauen noch Männer die kostbaren Stunden ihres Lebens auf eine Arbeit verschwenden müssen, die weder anregend, noch kreativ oder produktiv ist.« Davis glaubt stattdessen, dass »ein wesentlicher Teil der Aufgaben einer Hausfrau im Haushalt (...) tatsächlich von der industriemäßigen Wirtschaft übernommen werden« könnte. Statt Hausarbeit privat zu verrichten, stellt sich Davis vor, wie »Teams von ausgebildeten und gut bezahlten Arbeiter*innen, die von Wohnung zu Wohnung ziehend technologisch entwickelte Reinigungsmaschinen bedienen, (...) schnell und effizient all das ausführen, was die heutige Hausfrau mühsam und primitiv verrichtet«. Die Kosten dieser industrialisierten und vergesellschafteten Hausarbeit werden vom Staat subventioniert, »um sie den Familien der Arbeiterklasse, deren Bedürfnisse nach solchen Diensten höchst offensichtlich sind, zugänglich zu machen«.[215]

Dass Frauen weiterhin den Großteil der Sorgearbeit übernehmen, liegt auch an der Politik. Wie Elterngeld, Steuervorteile und Betreuungssituation gestaltet sind, beeinflusst, wer wie lange zu Hause bleibt und eher unbezahlte Arbeit leistet.

Väter nehmen zum Beispiel immer noch selten Elternzeit – und wenn sie Elternzeit nehmen, dann in der Regel nur kurz. Seit mehr als 15 Jahren gibt es die derzeitige Regelung von Elternzeit und Elterngeld. Das sogenannte Basiselterngeld steht Eltern für insgesamt 14 Monate zu, allerdings nur, wenn beide Partner*innen Elternzeit nehmen. Die Mindestzeit pro Elternteil liegt bei zwei Monaten, die Höchstzeit bei zwölf. In der Realität sieht das allerdings meistens so aus: Die Mutter bleibt ein Jahr lang mit dem Kind zu Hause, der Vater nimmt sich zwei Monate Elternzeit, in der gerne gereist oder ein verlängerter Urlaub gemacht wird. Zwei Drittel der Mütter beantragen zehn bis zwölf Monate Elterngeld. Knapp 60 Prozent der Väter nehmen gar keine Elternzeit.[216]

Nicht oder wenig arbeiten zu gehen, kann sich auch steuerlich lohnen: Das Ehegattensplitting bevorzugt Paare mit großem Lohnunterschied. Das zu versteuernde Einkommen beider Partner*innen wird halbiert, darauf wird Einkommenssteuer berechnet und dann wird die Steuerschuld verdoppelt. Der Steuervorteil wächst, wenn die Differenz zwischen den Einkommen größer ist. Verdient der Mann viel, ist es also sinnvoller, wenn die Frau wenig verdient oder gar keine Erwerbsarbeit leistet. Dies führt auch dazu, dass Frauen häufiger geringfügig beschäftigt sind: 60 Prozent der Menschen, die ausschließlich einen Minijob haben, sind Frauen. Sie verdienten dort lange maximal 450 Euro pro Monat, mittlerweile sind es 520 Euro. Auf diese Summe müssen keine Sozialversicherungsabgaben gezahlt werden, außerdem ist es möglich, sich von der Rentenversicherung befreien zu lassen. Das bedeutet aber auch: Es gibt keine Rentenansprüche, außerdem sind Minijobber*innen nicht automatisch kranken- und pflegeversichert. Wer verheiratet ist oder studiert, kann sich oft über die Familienversicherung kostenlos mitversichern lassen. Eigentlich wurden Minijobs als eine Art Sprungbrett in reguläre, sozialversicherungspflichtige Beschäftigungen eingeführt. Aber das trifft nur selten zu – vor allem für diejenigen, deren Minijob ihr Hauptverdienst ist. Weil der Maximalverdienst festgelegt ist, müssen die Stunden reduziert werden, sollte der Lohn in einem solchen Job erhöht werden. Es lohnt sich nicht, mehr zu arbeiten, denn dann wird aus dem Minijob ein Midijob: Hier muss der Verdienst versteuert werden, außerdem werden Sozialbeiträge fällig. Am Ende des Monats bleibt so kaum mehr übrig, was Menschen in Minijobs hält.[217]

Die Kombination aus Ehegattensplitting und Minijobs sorgt dafür, dass Frauen länger aus dem Beruf aussteigen, danach öfter in Teilzeit oder gering beschäftigt arbeiten, weniger in die Rentenkassen einzahlen, seltener privat vorsorgen, stärker finanziell von ihren Ehepartnern abhängig sind und häufiger in Altersarmut landen.

Marcel Fratzscher, Präsident des Deutschen Instituts für Wirtschaftsforschung, schreibt dazu:»Das größte Potenzial auf dem Arbeitsmarkt Deutschlands sind die vielen Frauen, die meist gut ausgebildet sind und mehr arbeiten möchten.« Es sei an Politik, Unternehmen und Gesellschaft, die unzähligen Hürden für Frauen auf dem Arbeitsmarkt aus dem Weg zu räumen.»Das würde nicht nur enormes wirtschaftliches Potenzial für Deutschland mobilisieren und die Sozialsysteme zukunftsfester machen, sondern auch mehr Freiheit und Chancengleichheit schaffen.«[218]

Auch fehlende Kinderbetreuung erschwert die Rückkehr in den Job, geschweige denn in eine Vollzeitstelle. Geht man all diese Probleme an, könnte das dabei helfen, mehr Erwerbsarbeit für mehr Frauen möglich zu machen: Elterngeld und Ehegattensplitting müssten dafür reduziert, Kindertagesstätten und Ganztagesbetreuung ausgebaut werden. Auch eine Care-Abgabe für Unternehmen – ähnlich der CO_2-Steuer – oder eine Grundsicherung für Pflegende könnten Modelle sein.[219] Und warum gibt es nicht mehr Betriebskitas, die von Unternehmen subventioniert werden, anstatt wie heute oft teurer zu sein als öffentliche Angebote?

Die US-Politikerin Elizabeth Warren hat im Wahlkampf 2020 Kinderbetreuung als kritische Infrastruktur beschrieben – ein sehr passender Vergleich.»Wir bauen Infrastruktur, wie Straßen, Brücken und Kommunikationssysteme, damit Menschen arbeiten können«, sagte sie beim Parteitag der Demokratischen Partei.»Diese Infrastruktur hilft uns allen, weil sie unsere Wirtschaft am Laufen hält. Es ist Zeit zu erkennen, dass Kinderbetreuung Teil der grundlegenden Infrastruktur ist: Infrastruktur für Familien.«

Wie eine gute Infrastruktur aussehen kann, zeigt der Blick

nach Skandinavien: In Finnland gibt es 160 Tage bezahlte Elternzeit für jedes Elternteil. Maximal 63 dieser Tage können dem anderen Elternteil überlassen werden. Alles auf die Mutter abzuladen, funktioniert so nicht. In Schweden ist das Betreuungsangebot öffentlich finanziert, es gibt ein Anrecht auf einen Betreuungsplatz für Kinder zwischen ein und zwölf Jahren, deren Eltern erwerbstätig sind oder studieren. Öffentliche Kitas für Kinder von eins bis sechs müssen von 6:00 bis 18:30 Uhr geöffnet sein, einige haben rund um die Uhr offen. Die Kosten betragen für das erste Kind maximal drei Prozent des Bruttoverdienstes der Eltern, für alle weiteren Kinder wird es zunehmend billiger. Meetings nach 16 Uhr sind in Skandinavien verpönt. Im Bereich wirtschaftliche Beteiligung und Chancen im *Global Gender Gap Index* liegt Schweden übrigens auf Platz fünf und Finnland auf Platz 18, während Deutschland auf Platz 75 landet.

Wenn wir es mit der Gleichberechtigung ernst meinen, braucht es außerdem neue Lösungen für Gruppen, die bisher oft ignoriert wurden: Selbstständige zum Beispiel. Wer schwanger und selbstständig ist, bekommt in Deutschland keinen voll bezahlten gesetzlichen Mutterschutz. Die Tischlermeisterin Johanna Röh hat deshalb eine Petition gestartet.[220] »Als angestellte Tischlermeisterin hätte ich direkt zu Beginn der Schwangerschaft ein Beschäftigungsverbot bekommen, da die gesundheitlichen Gefahren in meinem Beruf für mich und das Baby zu gravierend sind«, schreibt sie. »Als Selbstständige muss ich es mir leisten können, nicht zu arbeiten, da es keinerlei Absicherung für mich gibt.« Sie fordert deshalb unter anderem auch eine Einrichtung von Notfalltöpfen, um Insolvenzen von Betrieben aufgrund von Schwangerschaft zu verhindern, sowie die Einrichtung eines Systems aus Betriebshelfer*innen: Dieses gibt es in der Landwirtschaft, damit Betriebe weiterlaufen können, auch wenn Arbeitskräfte schwanger ausfallen. Mittlerweile werde jeder fünfte Handwerksbetrieb von Frauen geführt, schreibt Röh: »Angesichts des Fachkräftemangels und fehlender Betriebsnachfolger*innen für Handwerksbetriebe können wir es uns nicht mehr leisten, auf die fähigen, gut ausgebildeten und talentierten Unternehmerinnen im Handwerk und auch in den anderen Branchen zu verzichten.«

Auch in anderen Branchen gibt es Hürden für schwangere Menschen und neue Eltern: Abgeordnete in der Politik können keine Elternzeit nehmen. Sich für eine Zeit lang vollständig aus dem Beruf zurückzuziehen, sei bei gewählten Mandatsträger*innen undenkbar, urteilte das Bundesverfassungsgericht im Jahr 2007. Wer außerhalb des Mutterschutzes Sitzungen verpasst, muss Strafe zahlen.[221] Kristina Schröder und Manuela Schwesig kehrten 2011 bzw. 2016 deshalb jeweils direkt nach dem Mutterschutz in ihre Rolle als Bundesfamilienministerin zurück.[222]

Eine Arbeitswelt der Zukunft muss gerechter und gleichberechtigter werden – sonst schaffen wir es nie aus unserem kollektiven Burnout. Diese Veränderung wird aber nicht passieren, wenn wir nicht auch bei der Sorgearbeit ansetzen, die noch immer unsichtbar, unbezahlt und ungewürdigt ist. Freiwillige Veränderungen reichen nicht, wir brauchen bessere politische Rahmenbedingungen. Das ist im Interesse aller, schließlich wissen wir, wie viel unbezahlte Care-Arbeit wert ist: Ein Drittel des Bruttoinlandsproduktes. Wieso behandeln wir sie dann nicht auch so?

WAS WÄRE, WENN WIR UNS BESSER ORGANISIEREN?

Wenn ich von besserer Organisation spreche, meine ich natürlich nicht hübschere To-do-Listen, weniger aufgeschobene E-Mails im Postfach oder den optimalen Zeitpunkt, das Kind aus der Kita abzuholen. Es geht mir – ganz altmodisch – um die Organisation von Arbeitskräften: Zusammenschlüsse, die für bessere Arbeitsbedingungen und eine gerechtere Arbeitswelt kämpfen. Kollektiv statt alleine. In Gewerkschaften oder Betriebsräten, in Gruppen innerhalb von Unternehmen oder Branchen. Wir sind in einer Situation, in der Arbeitskräfte Macht haben: Sie sind ein rares Gut und können entscheiden, für wen sie arbeiten wollen. Gleichzeitig haben sie heute mehr Möglichkeiten als je zuvor, öffentlich über ihre Arbeitsbedingungen zu sprechen und Forderungen an ihre Arbeitgeber*innen zu stellen. Denn diese Arbeitgeber*innen müssen ja auf der anderen Seite die Öffentlichkeit davon überzeugen, ihre Produkte oder Dienstleistungen zu konsumieren. Wer seine Mitarbeitenden schlecht behandelt, kommt heute kaum noch unbesehen davon.

Wenn sich Beschäftigte zusammenschließen, bekämpfen sie außerdem den Teil der Arbeitskultur, der die Verantwortung auf die Einzelnen schiebt. Dabei sind die Probleme systemisch. Für echte Veränderung in der Arbeitswelt reichen individuelle Lösungen nicht, sondern es braucht gemeinsame Lösungen.

Natürlich gilt auch hier: Bessere Bedingungen einzufordern – und auch, sich überhaupt zu organisieren –, ist nicht für alle Menschen gleich einfach. Wer selbstständig alleine in einem Haushalt putzt, hat es schwerer, sich mit anderen Putzkräften zusammenzuschließen als die Mitarbeiter*innen in einem Konzern. Wer gut informiert ist, kennt die eigenen Rechte. Aber die Bildung und die Zeit dafür zu haben, ist ebenfalls ein Privileg. Allerdings sehen wir gerade, dass sich auch Beschäftigte zusammenschließen, von denen wir es nicht unbedingt erwarten würden – und wie sie dabei von der Öffentlichkeit unterstützt werden. Um die Macht der Gemeinschaft – und der Organisation – wird es in diesem Kapitel gehen.

DIE ARBEIT, DIE ALLE ANDERE ARBEIT MÖGLICH MACHT

Neben der unbezahlten Sorgearbeit, die größtenteils von Frauen geleistet wird, gibt es auch die bezahlte Version davon: Berufe im Verkauf, in der Pflege und Erziehung, Reinigungs- und Sozialberufe. Oft sind es Women of Color und Migratinnen, die sie leisten. Sie arbeiten meist in Teilzeit, in Minijobs, Leiharbeit oder mit befristeten Verträgen, und verdienen so schlecht, dass sie kaum von ihrer Arbeit leben können. Sie arbeiten, wenn alle anderen freihaben, am Abend oder am Wochenende, oft in Schichten. Knapp die Hälfte der Beschäftigten in Reinigungs- und Pflegeberufen fühlt sich leer und ausgebrannt. Der Zeitdruck ist hoch, die Arbeit oft körperlich schwer, es gibt fast immer zu wenig Personal. 70 Prozent der Pflegekräfte glauben nicht, dass sie bis zur Rente arbeitsfähig sein werden. Auch mehr als die Hälfte der Beschäftigten in Erziehungs- und Sozialberufen rechnet nicht damit, bis zur Rente arbeiten zu können.[223] Ein Beispiel für die schlechten Arbeitsbedingungen in diesen Branchen sind Beschäftigte im Haushalt: Putzkräfte,

Haushaltshilfen, Gartenarbeiter*innen. Mehr als 90 Prozent von ihnen sind Frauen – und der Großteil von ihnen ist illegal beschäftigt. In Deutschland sind laut Schätzungen der OECD rund 75 Prozent der Arbeiter*innen in diesem Bereich nicht angemeldet. Das bedeutet auch: Sie sind nicht abgesichert, wenn sie krank oder arbeitslos werden, sie treffen keine gesetzliche Vorsorge für die Rente. Ausgerechnet die Putzfrau, die die intimsten Details des Lebens ihrer Auftraggeber*innen sieht, die sie in ihre Wohnung lassen und der sie ihr Zuhause anvertrauen, wird so schlecht behandelt. Dass das nicht sein muss, zeigt der Blick in andere europäische Länder: In Frankreich, Italien, Spanien, Belgien und Irland arbeiten weniger als 40 Prozent der Hausarbeiter*innen unangemeldet.[224]

Dabei ist es ihre Arbeit – und die von Menschen in vergleichbaren Jobs –, die alle andere Arbeit möglich macht. So formuliert es Ai-Jen Poo, Präsidentin der amerikanischen *National Domestic Workers Alliance*.[225] Es ist Arbeit, die unersetzlich ist – und die dennoch oft als selbstverständlich betrachtet wird. Wenn sie denn überhaupt gesehen wird.

Dass die Arbeitsbedingungen in Care-Berufen immer noch so schlecht sind, hat auch viel damit zu tun, wer diese Arbeit in der Geschichte vorrangig verrichtet hat: Frauen aus unteren Schichten oder Sklavinnen, die als Besitz gehalten wurden. Diese rassistischen Strukturen sehen wir auch heute noch, wenn Arbeitskräfte aus Osteuropa, Südostasien oder Afrika zu Niedrigstlöhnen prekär beschäftigt werden, um sich um Kinder oder ältere Angehörige zu kümmern oder Wohnungen zu putzen. »Diese Geschichte der rassistischen Ausgrenzung und unsere kulturelle Abwertung von Arbeit, die mit Frauen in Verbindung gebracht wird, bedeutet heute, dass Millionen Frauen jeden Tag zur Arbeit gehen, unglaublich hart arbeiten und trotzdem nicht über die Runden kommen«, sagt Poo.

Unsere Gesellschaft ist abhängig von Nannys, von Putzkräften, von denen, die Einkäufe und Essen liefern, von Familie, schreibt Angela Garbes.[226] »Die häusliche Last ist so groß wie immer, aber wenn wir es uns leisten können, teilen wir sie unter mehreren Leuten auf. Das ist kein echter Fortschritt. Wenn sich weiße Frauen auf die schlecht bezahlte Arbeit von Women of Color verlassen, vertieft das tatsächlich die rassistische Ungerechtigkeit in den USA – und überall auf der Welt.«

Wer sich als Nanny, Erzieherin oder Pflegekraft um Kinder, alte Menschen oder Menschen mit Behinderung kümmert, sie wäscht, füttert, mit ihnen spielt, mit ihnen einkaufen geht, oder wer die Wohnung anderer putzt, hat im Gegenzug keine Zeit, sich um die eigenen Kinder, die eigene Familie, die eigene Woh- 149 nung zu kümmern. Damit geht die gesellschaftliche Schere weiter auf, weil es vor allem schlechter ausgebildete, marginalisierte, oft migrantische Frauen sind, die diese Arbeit übernehmen. Gleichzeitig machen Arbeitsbedingungen und Bezahlung es ihnen nicht möglich, diese Arbeit wiederum selbst auszulagern.

In Deutschland kommt mittlerweile jede achte Pflegekraft aus dem Ausland: aus Ländern wie Polen, Bosnien und Herzegowina, der Türkei, Kroatien, Rumänien und Serbien. Insgesamt sind es mehr als 200 000. Um in Deutschland zu arbeiten, brauchen Pflegekräfte aus der EU keine besondere Erlaubnis, aber sie müssen ihre Abschlüsse anerkennen lassen und eine Fachsprachenprüfung machen. Allerdings kommt der Großteil der Pflegekräfte aus dem Nicht-EU-Ausland, wo sie mit Programmen wie *Triple Win* angeworben werden. Die Pflegekräfte, die so nach Deutschland und in andere europäische Länder kommen, fehlen in ihren Heimatländern. Das ist auch ein Grund, warum Serbien das Programm mittlerweile ausgesetzt hat.[227] Gehen vor Ort zu viele Fachkräfte, sind es oft weibliche Familienmitglieder, die diese Lücken schließen müssen. Die Soziologin Arlie Russell Hochschild spricht in diesem Kontext auch von *Global Care Chains*: Die Arbeit wird von wohlhabenderen Frauen an ärmere

Frauen weitergegeben, die dadurch nicht mehr selbst erwerbstätig sein können.[228]

Das muss sich ändern: Es braucht eine Aufwertung dieser Berufsbilder. Diese Jobs, fordert Poo, müssen gute Jobs werden, auf die man stolz sein und mit denen man seine Familie finanziell durchbringen kann. Die Menschen, die diese Arbeit machen, müssen vor Diskriminierung und sexueller Belästigung geschützt werden, sie brauchen bezahlten Urlaub und bessere Arbeitsbedingungen. Doch davon sind wir aktuell noch weit entfernt.

150 Viele der Frauen, die in diesen Berufen arbeiten, sind Teil der Arbeiter*innenklasse. Bei diesem Wort denken viele von uns an Männer, die in Fabriken schuften. Wie David Graeber in seinem Buch *Bullshit Jobs* schreibt, ist dieses Bild schief: »In Wirklichkeit gab es nie eine Zeit, in der die meisten Arbeiter in Fabriken tätig waren.« Stattdessen hätten schon in den Tagen eines Karl Marx oder Charles Dickens in den Wohnvierteln der Arbeiter*innenklasse weitaus mehr »Hausmädchen, Schuhputzer, Müllmänner, Köche, Krankenschwestern, Droschkenkutscher, Lehrer, Prostituierte, Hausverwalter und Straßenhändler« gelebt als Angestellte von Kohlebergwerken, Textilfabriken oder Eisengießereien. Die meisten Tätigkeiten der Arbeiter* innenklasse, unabhängig davon, ob sie von Männern oder von Frauen ausgeführt werden, ähneln eigentlich stärker dem, schreibt Graeber, »was wir grundsätzlich für Frauenarbeit halten: Sie kümmern sich um Menschen, sorgen für ihre Wünsche und Bedürfnisse, erklären, beruhigen, ahnen voraus, was der Chef will oder denkt, ganz zu schweigen von der Betreuung, Überwachung und Pflege von Pflanzen, Tieren, Maschinen und anderen Gegenständen.«[229]

Viele der Berufsbilder, die in der Pandemie als systemrelevant bezeichnet wurden, fallen in diese Kategorie: Ohne sie geht es nicht. Gleichzeitig haben viele Menschen keine Lust, diese Jobs auszuüben – zumindest nicht unter den aktuellen Bedingungen. Aktuell fehlen mehr als 230 000 Erzieher*innen in Deutschland. Ab 2026 gilt der Rechtsanspruch auf Ganztagsbetreuung für Grundschulkinder, der den Personalmangel noch mal verschärfen dürfte.[230] Das Burnout-Risiko im Job ist hoch: 25 Prozent des Personals, das Kinder ab drei Jahren betreut, denkt wegen gesundheitlicher Probleme darüber nach, den Beruf aufzugeben. Ein Drittel der pädagogischen Mitarbeiter*innen, die mit Kindern ab drei Jahren arbeiten, berichten von Stress wegen zusätzlicher Aufgaben, die sie aufgrund von Personalausfall übernehmen müssen.[231]

In der Altenpflege denken 40 Prozent der Beschäftigten darüber nach, aus dem Beruf auszusteigen: Die Bezahlung ist zu schlecht, die Belastung zu hoch, sie haben zu wenig Zeit, um sich um die Menschen zu kümmern. Viele Altenpflegekräfte zweifeln daran, dass sie unter den aktuellen Bedingungen gute Pflege gewährleisten können.[232] Bis 2030 werden rund 500 000 Mitarbeiter*innen in der Altenpflege fehlen. Damit sich wieder mehr Menschen dafür entscheiden, im Beruf zu arbeiten, muss dieser umfassend aufgewertet werden, und zwar auch in Form von besserer Bezahlung.

STREIKEN FÜR BESSERE ARBEITSBEDINGUNGEN

Die Forderungen nach besseren Arbeitsbedingungen aus den genannten Branchen sind laut, aber oft kommen sie nicht in der Bevölkerung an. Das zeigte sich 2022 ganz besonders am Streik der Krankenhausbeschäftigten in Nordrhein-Westfalen. Am 19. Januar 2022 haben sich 700 Mitarbeiter*innen der sechs Unikliniken in Nordrhein-Westfalen zu einem großen Schritt entschieden: einem Ultimatum. 100 Tage lang gaben die Beschäftigten ihren Arbeitgeber*innen und der Politik Zeit, um Tarifverhandlungen auf den Weg zu bringen. Die 100 Tage verstrichen. So begann ein monatelanger Kampf für bessere Arbeitsbedingungen. Ab Mai wurde gestreikt. Insgesamt dauerte der Streik 79 Tage lang. In dieser Zeit wurden mehr als 10 000 Operationen verschoben – es waren einfach nicht genug Arbeitskräfte da. Der Streik dominierte allerdings nicht die Schlagzeilen. Die waren stattdessen voll mit Bildern von überfüllten Flughäfen. Die Priorität der Medienberichterstattung war klar: Der reibungslose Flug in den Sommerurlaub ist wichtiger als die katastrophalen Bedingungen an deutschen Krankenhäusern. Wenn Flughafenpersonal streikt und ausfällt, braucht es sofort Lösungen. Wenn Pflegepersonal streikt und ausbrennt, ist das weniger wichtig, schließlich haben 2020 alle brav vom Balkon geklatscht.

Dabei hat der Streik an den Unikliniken gezeigt, wie wichtig Organisation ist – und dass Veränderungen möglich sind. Eine der Personen, die die Streiks mit organisiert hat, ist Albert Nowak. Als wir sprechen, streiken Albert und seine Kolleg*innen der Unikliniken in Aachen, Bonn, Düsseldorf, Essen, Köln und Münster bereits seit sieben Wochen. Eine Einigung ist nicht in Sicht. *Notruf NRW* heißt das Bündnis, das bessere Arbeitsbedingungen in den Unikliniken fordert: für Pflegekräfte, aber auch für Reinigungs- und Servicekräfte, Logistikpersonal, Menschen in therapeutischen Berufen und alle anderen, die dort arbeiten. »Krankenhaus ist Teamarbeit«, sagt Albert. »Ohne Reinigungskraft findet in deutschen Krankenhäusern keine einzige OP statt. Alle haben eine Daseinsberechtigung – und alle sind überlastet.«

Die Überlastung hat seit Beginn der Corona-Pandemie noch zugenommen. Knapp die Hälfte der Ärzt*innen und Pflegekräfte in Deutschland sieht seitdem bei sich eine Verschlimmerung von typischen Burnout- und Erschöpfungssymptomen. Dazu kommt das erhöhte Ansteckungsrisiko. Wenn Pflegekräfte gestresst und ausgebrannt sind, ist das nicht nur für sie selbst und ihre Gesundheit gefährlich, sondern auch für die Patient*innen: Ist das Pflegepersonal an Burnout erkrankt, sind Infektionen bei den Patient*innen häufiger.[233]

Alleine in den Krankenhäusern in Nordrhein-Westfalen fehlen rund 20 000 Fachkräfte. Kolleg*innen springen in ihrer Freizeit ein, lassen Pausen ausfallen, schieben Überstunden, haben ständig ein schlechtes Gewissen, obwohl sie bereits chronisch überlastet sind. Es fehlt an Zeit für die medizinische Versorgung und Pflege – auch weil immer mehr administrative Aufgaben hinzukommen.[234]

Albert ist Mitte 20 und seit 2019 fertig mit der Pflegeausbildung. Seit drei Jahren arbeitet er als Pflegekraft auf der Intensivstation einer Uniklinik in Nordrhein-Westfalen, außerdem ist er in der Auszubildendenvertretung engagiert. »Was man in der Ausbildung lernt, bereitet einen nicht besonders auf die Arbeit auf der Intensivstation vor«, erzählt er mir. Wenn Albert über die vergangenen Jahre spricht, fallen Wörter wie anstrengend und Überlastung. »Ich habe immer wieder am Limit gearbeitet«, sagt er. »Der Job ist spannend, aber auch in gewisser Weise eine große Zumutung.« Die Lage lasse es nicht zu, sich auch nur eine halbe Stunde zu einer sterbenden Person zu setzen, sagt Albert. Auch Zeit, um mit den Angehörigen zu sprechen und Vertrauen zu ihnen aufzubauen, fehle. Es gebe sehr viel Leidensbereitschaft, sehr viel Leidensdruck. »Die Leute haben viel ausgehalten, sind über die eigene Schmerzgrenze gegangen«, sagt Albert. Das müsse aufhören. »Würde ich Vollzeit auf der Intensivstation arbeiten, hätte ich meine Stelle wahrscheinlich schon reduziert.«

Ungefähr die Hälfte der Beschäftigten in Krankenhäusern und medizinischen Praxen arbeitet in Teilzeit oder ist geringfügig beschäftigt. Die Krankenpflege ist ein Frauenjob, mehr als 75 Prozent des Personals sind Frauen.[235]

Albert hat eine ganze Liste an Dingen, die sich seiner Meinung nach ändern müssten: Im Betrieb müssten die hierarchischen Strukturen abgebaut werden. Leute auf der Station sollten stärker in die Planung einbezogen werden, »schließlich wissen sie am besten, was sie brauchen«. Einzelne Personen, die versuchen, Lücken in der Schichtplanung zu füllen, könnten das »kaputte System« nicht reparieren. Es brauche bedarfsgerechte Personalbemessung und Ausstattung, um gute Versorgung zu gewährleisten, weg von Untergrenzen und dem Mangel, den es aktuell gebe. Schon vor der Pandemie war der Personalschlüssel in Deutschland besonders schlecht, genau wie die Zufriedenheit von Pflegekräften mit ihrer Arbeitsstelle.[236]

Weil zu wenig Personal da ist, gibt es hohen Druck auf Pflegekräfte, spontan einzuspringen. »Ich sage Leuten immer: Springt nicht einfach ein! Weil das Bereiche aufrechterhält, obwohl zu wenig Personal da ist«, sagt Albert. Es sei schließlich die Verantwortung der Klinik, nicht der einzelnen Arbeitskräfte, die Versorgung sicherzustellen und genug Personal einzuplanen. Selbst eine Auszubildende sei gebeten worden, nicht zu streiken, weil sonst die Leute nicht versorgt werden könnten. »Und wir reden da noch nicht mal über gute Versorgung«, sagt Albert.

Und dann ist da die Bezahlung: »Es muss möglich sein, auch mit reduzierter Zeit von der Arbeit leben zu können und eine Rente über Armutsniveau zu bekommen«, sagt Albert. Vor allem für alleinerziehende Kolleginnen sei die finanzielle Situation oft schwierig. »Wir müssen darüber reden, was uns als Gesellschaft Gesundheitsversorgung wert ist.« Die große Verantwortung, die alle Pflegekräfte übernehmen, spiegele sich nicht in der Bezahlung wider. »Bei irgendwelchen Führungspositionen in der Wirtschaft wird immer über die Verantwortung geredet, um die hohen Gehälter zu rechtfertigen. Bei uns nicht.« Die Belastung durch Schichtdienst und körperliche Anstrengung sei enorm – und bis zum regulären Rentenalter zu arbeiten oft nicht möglich.

Die Arbeitsbedingungen sind ein großer Grund dafür, dass Pflegekräfte auf Teilzeit reduzieren oder ganz aus dem Job aussteigen. Der Begriff »Pflexit« war 2021 sogar eines der zehn Wörter des Jahres.[237] Viele wären bereit, wieder in den Beruf zurückzukehren oder ihre Arbeitszeit aufzustocken, aber dafür müssten die Bedingungen stimmen, wie eine Studie zeigt.[238] Die befragten Pflegekräfte wünschen sich zum Beispiel eine bedarfsgerechte Personalbemessung und wertschätzende, respektvolle Vorgesetzte, die sensibel für ihre Arbeitsbelastung sind. Sie wollen nicht mehr unterbesetzt arbeiten und mehr Zeit für menschliche Zuwendung haben. Auch verbindliche Dienstpläne, eine vereinfachte Dokumentation und höheres Gehalt durch Fort- und Weiterbildung werden als häufige Punkte genannt.

Verbessern sich die Arbeitsbedingungen, könnte das viele Beschäftigte zurückbringen: Das rechnerische Potenzial von Pflegekräften, die in Vollzeit zurückkehren könnten, liegt bei 300 000 – konservativ gerechnet. Optimistisch betrachtet könnten es sogar bis zu 660 000 Vollzeitkräfte sein. Aber dafür muss jetzt etwas passieren. »Es braucht eine sehr, sehr große gesellschaftliche Anstrengung«, sagt Albert. »Wir kommen sonst in die Situation, in der unsere Eltern und Großeltern unter unwürdigen, menschenverachtenden Bedingungen ihren Lebensabend verbringen werden. Leute werden sterben und zu Schaden kommen, wie es auch heute schon tagtäglich in deutschen Gesundheitseinrichtungen passiert – einfach weil die Zeit nicht da ist.«

Er glaubt, dass es genug Menschen gibt, die in der Pflege arbeiten wollen. »Die Bewerbungszahlen sind in den letzten Jahren sogar gestiegen«, sagt er. »Aber wir müssen dabei helfen, das System nachhaltig aufzubauen.« Die Zahl der sozialversicherungspflichtig beschäftigten Pflegekräfte im Gesundheitswesen lag 2021 bei 1,04 Millionen, dazu kommen knapp 628 000 Beschäftigte in der Altenpflege. Seit 2017 ist die Zahl der Gesundheitspflegekräfte um neun Prozent gestiegen.[239] »Wir sind eine der größten Berufsgruppen in Deutschland«, sagt Albert. »Da steckt so eine Macht dahinter, wenn wir zusammenhalten.« Diese Macht zahlte sich für ihn und seine Mitstreiker*innen am Ende aus. Die zentrale Forderung des Streiks – der Tarifvertrag Entlastung – wird umgesetzt.[240] Es sollen mehr Pflegekräfte eingesetzt werden, und in jeder Schicht soll kontrolliert werden, ob auch wirklich genug Personal da ist. Wenn nicht, gibt es Zulagen oder freie Tage für die Beschäftigten. Dafür wird ein System mit Belastungspunkten eingeführt. Für jedes Mal, wenn die Personalquote unterschritten wird, bekommen die Arbeitskräfte sogenannte Belastungspunkte. Sieben Punkte entsprechen einem zusätzlichen freien Tag. Sprich: Wer wegen zu wenig Personal zu viel arbeitet, bekommt einen Ausgleich. Im ersten Jahr gibt es maximal elf zusätzliche freie Tage, im zweiten Jahr maximal 14 und im dritten Jahr maximal 18. »Das soll dazu führen, dass es für die Kliniken unattraktiver wird, diese vereinbarte Personalbemessung nicht einzuhalten«, sagt Albert. Am Anfang, erklärt er, würden wahrscheinlich ziemlich viele Belastungspunkte entstehen, weil noch nicht genug Personal da sei, aber wenigstens gebe es freie Tage als Ausgleich. »Langfristig soll es dazu führen, dass die Kliniken genügend Leute einstellen und so eine gute Versorgung sicherstellen.« Nicht nur in der Pflege gibt es Belastungsausgleiche, sondern auch in anderen Bereichen wie der Radiologie und den Betriebskitas. Für Azubis sind im Tarifvertrag konkrete Entlastungsregeln festgelegt. Insgesamt sieht er den Streik und Tarifvertrag als Erfolg an. Er erhofft sich allerdings noch mehr politische Lösungen auf Bundesebene, um die Situation von Klinikpersonal zu verbessern – getrieben auch vom Druck, den er und seine Kolleg*innen aufgebaut haben.

Die Macht der Beschäftigten, von der Albert spricht, sie sorgt tatsächlich für bessere Arbeitsbedingungen. Wenn immer so laut darüber gesprochen wird, dass wir »die Wirtschaft« am Laufen halten müssen, dann geht es genau darum: in den Berufen, die alle andere Arbeit ermöglichen, gute Bedingungen zu schaffen. Diese Jobs müssen gute Jobs werden, daran führt kein Weg vorbei.

Damit sich die Situation für die Beschäftigten von Kliniken wirklich bessert, muss sich allerdings auch ändern, wie Krankenhäuser wirtschaften: Da ist zum einen die Privatisierung, die in den vergangenen Jahren immer weiter zugenommen hat. 2019 waren fast vier von zehn Kliniken in privater Trägerschaft. 1999 waren es noch zwei von zehn. Mittlerweile sind öffentliche Einrichtungen in der Minderheit.[241] 2006 wurde sogar das Uni- klinikum Gießen und Marburg privatisiert. Die Konzerne hinter der Privatisierungswelle – wie Asklepios, Rhön, Helios und Sana – wollen natürlich möglichst viel Profit machen.[242] Auch Private-Equity-Konzerne, also große Finanzdienstleister, steigen ins Krankenhausgeschäft ein, mit dem Ziel, Kliniken profitabler zu machen und gewinnbringend zu verkaufen. Die Gewinne fließen nicht zurück ins Gesundheitssystem, sondern an die Unternehmen und deren Anteilseigner*innen.

Zum anderen wurde der Kostendruck für Kliniken durch das System der Fallpauschalen erhöht, das 2004 eingeführt wurde. Seitdem wird pro Behandlung abgerechnet, nach einer komplexen Berechnung, die im Prinzip einen Mittelwert für jede Diagnose und Behandlung bildet. Damit ist es finanziell vorteilhafter, möglichst viele Fälle abzurechnen. Mit einigen – wie etwa Knieoperationen – ist besonders viel Geld zu machen. Andere Bereiche hingegen, wie Kinder- oder Geburtsstationen, sind finanzielle Minusgeschäfte. Jeder Schritt muss dokumentiert werden, ein großer Teil der Arbeitszeit geht damit für Papierkram drauf. In diesem System lässt sich mit Ärzt*innen Erlös generieren, schließlich stellen sie Diagnosen und operieren.[243] Pflegekräfte hingegen sind ein Kostenfaktor. Das führt zu einer

Unterversorgung in der Pflege. Als die Fallpauschalen eingeführt wurden – zwischen 2002 und 2006 – fielen etwa 33 000 Vollzeitstellen in der Pflege weg.[244]

Die Kritik am System der Fallpauschalen ist groß, eine Reform soll kommen, und sie ist dringend nötig. Auch die Privatisierung von Kliniken kann so nicht weitergehen. Denn wollen wir wirklich, dass es darum geht, jede Arztminute besser auszulasten oder das Gesundwerden zu optimieren? Dass an Pflegekräften gespart wird, um am Ende mehr Gewinn zu erzielen? Dass es sich nicht lohnt, sich um kranke Kinder oder Gebärende zu kümmern? Bedeutet dieses System wirklich, dass der Markt regelt? Gesundheit und Pflege müssen endlich mehr wertgeschätzt werden – und das muss sich auch im System widerspiegeln.

ARBEITEN IN DER ZWEI-KLASSEN-GESELLSCHAFT

Nicht alle systemrelevanten Berufe sind Care-Berufe im engsten Sinne. Systemrelevant sind auch die Menschen, die Straßen und Bahnhöfe reinigen, Busse und Lkws fahren, Pakete ausliefern, Müll abholen, Häuser bauen, das verstopfte Klo reparieren, Kartoffeln ernten, Schweine schlachten und Lebensmittel verkaufen. Auch sie sind oft unterbezahlt und prekär angestellt. Auch sie fehlen in Scharen: Weil ihnen während der Pandemie gekündigt wurde und sie sich neue Jobs gesucht haben. Weil sie krank ausfallen. Weil sie keine Lust mehr auf schlechte Arbeitsbedingungen haben. Weil Unternehmen und wir als Gesellschaft diejenigen, die diese lebenswichtigen Berufe ausüben, oft wie Menschen zweiter Klasse behandeln. Auch hier brauchen wir dringend eine Veränderung, um unsere Arbeitswelt besser und gerechter zu machen.

Wir sind in einer Situation, in der die Zahl der offenen Stellen hoch und die Zahl der arbeitslosen Menschen niedrig ist.[245] Besonders schwierig ist es geworden, die Jobs zu besetzen, bei denen schlechte Bezahlung und schlechte Arbeitsbedingungen aufeinandertreffen. Das geht so weit, dass Menschen mit geringen Löhnen gegen Bezieher*innen des Bürgergelds ausgespielt werden. Aber: Ist es nicht eine positive Entwicklung, wenn Menschen genau solche schlechten und schlecht bezahlten Jobs nicht mehr machen wollen?

»Menschen sollten in der Lage sein, eine Arbeit zu wählen, die es ihnen ermöglicht, in Würde zu leben und ihre Bedürfnisse zu befriedigen – und sogar ein bisschen mehr als das, sodass sie nicht ständig am Rande des Existenzminimums leben müssen«, sagt Jamila Michener, die an der Cornell University zu Armut und Ungleichheit forscht.[246] Menschen sollten in der Lage sein, Arbeit zu wählen, die sie selbst oder ihre Familien nicht in Gefahr bringt. Aktuell würde Armut oft als Weg genutzt, um Menschen zu zwingen, Arbeitsmarktbedingungen zu akzeptieren, die sie sonst nicht akzeptieren würden. »Du solltest nicht wählen müssen zwischen dem, was wirklich gut für dich ist, und dem, was du tun musst, weil du anders nicht überleben kannst«, sagt Michener.

Das bedeutet auch, dass wir alle unsere Standards anpassen müssen, wenn wir wollen, dass Menschen in Würde arbeiten und leben können: »Ich will zu Walmart oder Target oder einem anderen Laden gehen und dort Dinge richtig billig bekommen«, sagt Michener. »Oder ich will nicht in einer langen Schlange warten. Ich will viele offene Kassen. Ich will, dass jemand im Laden ist, wenn ich eine Frage habe.« Wir wollen alles, möglichst schnell und möglichst billig. Was wir dabei oft vergessen: Das hat Implikationen für die Menschen, deren Arbeit dies ermöglicht und die selbst oft in Armut oder an der Armutsgrenze leben. 2021 waren in Deutschland 13,6 Millionen Menschen armutsbetroffen – das ist der höchste Wert seit der Wiedervereinigung.

Als armutsbetroffen gilt, wer unter 60 Prozent des mittleren Einkommens verdient. Für Singles lag die Schwelle 2021 bei 1148 Euro im Monat, bei Alleinerziehenden mit einem kleinen Kind bei 1492 Euro. Ein Fünftel der Armutsbetroffenen sind Kinder und Jugendliche, ein knappes Viertel ist in Rente oder Pension. Mehr als ein Viertel der Menschen, die arm sind, sind erwerbstätig. Rund 860 000 Menschen in Deutschland mussten zusätzlich zu ihrer Erwerbstätigkeit aufstocken, also Sozialleistungen beziehen. Besonders hoch ist das Risiko dafür bei Familien mit Kindern und Alleinerziehenden.[247]

Es ist aber nicht so, dass in Deutschland kein Geld da ist: Während die Armutsquote steigt, ist das Bruttoinlandsprodukt 2021 um fast drei Prozent gewachsen, die Arbeitslosenquote leicht gesunken und die Quote der Menschen, die Hartz IV beziehen, ebenfalls leicht zurückgegangen.[248]

Es ist alles eine Frage der Verteilung. Und Geld ist in Deutschland eben sehr ungleich verteilt. Die oberen zehn Prozent besitzen in Deutschland gut zwei Drittel des Nettovermögens. Alleine das reichste Prozent der Bevölkerung besitzt mehr als ein Drittel des Vermögens.[249] Die Mittelschicht bröckelt: Vor allem am unteren Rand – also in der unteren Mittelschicht – ist das Abstiegsrisiko höher. Im Vergleich zu den Babyboomern schaffen es Millennials seltener, nach dem Start ins Berufsleben in die Mittelschicht aufzusteigen. Dies gilt vor allem für junge Menschen, die weder Abitur noch eine Berufsausbildung haben. Die größten Hürden: Teilzeit und Niedriglohn. Wer kein gutes zweites Arbeitseinkommen im Haushalt hat, hat es besonders schwer.[250] Im Corona-Jahr 2020 haben die Chef*innen der 30 größten börsennotierten Unternehmen in Deutschland im Schnitt rund 5,4 Millionen Euro Gesamtvergütung erhalten, also Festgehalt und variable Vergütung, zum Beispiel durch Aktien. Pro Person. Das ist ungefähr das 76-Fache dessen, was durchschnittliche Angestellte in denselben Unternehmen verdienen.[251] Großkonzerne schütten Rekorddividenden aus,[252] Energiekonzerne verdienen an Ukrainekrieg und Gasknappheit.[253]

Die Ausbeutung findet auf gesellschaftlicher Ebene statt: Ein Teil der Beschäftigten arbeitet unter schlechten Bedingungen und mit schlechter Bezahlung, um das entspannte Leben der anderen zu ermöglichen. Oder: Die *Lousy Jobs* sorgen dafür, dass die Menschen mit den *Lovely Jobs* es noch schöner haben.

Die Begriffe *Lousy Jobs* und *Lovely Jobs* haben Maarten Goos und Alan Manning geprägt:[254] Sie unterscheiden zwischen schönen und lausigen Jobs. Gut bezahlte und qualifizierte Jobs sind typischerweise Wissensarbeit ohne routinierte Abläufe. Schlecht bezahlte, weniger qualifizierte Jobs hingegen sind häufiger manuell ohne routinierte Abläufe. Sowohl *Lousy Jobs* als auch *Lovely Jobs* nehmen zu – auch durch den Einfluss von Technologie und Digitalisierung. Was hingegen abnimmt, sind mittelmäßige Jobs, die typischerweise Routineaufgaben sind und aus einer Mischung aus manueller und Wissensarbeit bestehen. Goos und Manning nennen diese Entwicklung Job-Polarisierung: Die Schere zwischen Gut und Schlecht geht immer weiter auf, mit immer weniger in der Mitte. Sie haben zwar die Entwicklung für Großbritannien in den Jahren 1975 bis 1999 untersucht, aber wir sehen eine ähnliche Entwicklung auch in Deutschland: Die Zahl schlecht bezahlter Servicejobs nimmt zu, ebenso wie hoch bezahlte Jobs im Business- und Finanzkontext. Was wegfällt, sind klassische mittelqualifizierte Bürojobs und qualifizierte manuelle Jobs in der Produktion. An dieser Stelle soll es um die *Lousy Jobs* gehen – und die Frage, wie wir es schaffen, die Schere zwischen *Lousy* und *Lovely* nicht noch weiter aufgehen zu lassen. Denn diese Gefahr besteht, gerade wenn Remote Work oder reduzierte Arbeitszeiten nicht allen ermöglicht werden. Dann gibt es eine kleine Gruppe von gut bezahlten Wissensarbeiter*innen, die für ihr bequemes Leben prekär beschäftigte Menschen schuften lassen.

Die US-amerikanische Journalistin Barbara Ehrenreich, die monatelang für eine Recherche in schlecht bezahlten Jobs arbeitete, schreibt zum selben Thema: »Ich selbst bin noch mit den Sprüchen aufgewachsen, die ›harte Arbeit‹ bis zum Überdruß als Geheimnis des persönlichen Erfolgs propagierten. (...) Damals hat uns niemand auf die Möglichkeit vorbereitet, daß du hart arbeiten kannst – sogar härter, als du es je für möglich gehalten hättest – und dennoch immer tiefer in Schulden und Armut versinkst.«[255] Die *Working Poor*, also die »arbeitenden Armen«, seien in Wirklichkeit die größten Philanthrop*innen unserer Gesellschaft, schreibt Ehrenreich: »Sie vernachlässigen

ihre eigenen Kinder, damit die Kinder der anderen gut versorgt sind. Sie leben in miesen Unterkünften, damit die Wohnungen der anderen blitzblank und tadellos aufgeräumt sind. Sie nehmen Not und Entbehrungen hin, damit die Inflationsrate sinkt und die Aktienkurse steigen. Wer zu den ›working poor‹ gehört, ist ein anonymer Spender, ein namenloser Wohltäter – zugunsten aller anderen.« Das gilt für Care-Berufe, aber auch für andere Jobs im Dienstleistungsbereich, die oft in die Kategorie *Lousy Jobs* fallen.

WIE DIE GIG ECONOMY DIE ARBEITSWELT VERÄNDERT HAT

Doch es tut sich was: Denn es sind genau diese *Lousy Jobs*, bei denen sich jetzt Widerstand rührt. Die Beschäftigten merken, dass sie nicht so weitermachen können und wollen wie bisher. Sie sind es, die ihre Unternehmen am Laufen halten und Profite ermöglichen. In der Logistik, bei Lieferdiensten, in Dienstleistungsjobs: Die Mitarbeitenden organisieren sich. Sie fordern bessere Bezahlung und bessere Arbeitsbedingungen. Sie schließen sich zusammen, um etwas zu verändern. Sie zeigen, wie sich die Schere zwischen *Lovely* und *Lousy Jobs* schließen kann.

Teilweise ist diese Schere sogar innerhalb eines Unternehmens sichtbar. Bei Lieferando etwa. Hier machen die einen Karriere als Machine Learning Engineer oder Art Director, während die anderen Essen aus Restaurants abholen und auf dem Rad zu Menschen nach Hause liefern. Zweitere arbeiten unter hohem Zeitdruck und schlechten Arbeitsbedingungen, bei Schnee und bei Hitze. Im Sommer 2022 lädt Lieferando seine Beschäftigten zu einer Pool-Party in Berlin-Friedrichshain ein. »Food, Drinks und ein exklusiver Pool, nur für euch«, heißt es in der Einladung. »Nur für euch« schließt aber nicht alle Beschäftigten ein. Das erfährt, wer weiterliest: »Zur Veranstaltung sind ausschließlich Mitarbeiter von Lieferando (aus Deutschland & Österreich, ausgenommen sind Fahrer und Zeitarbeiter) eingeladen.« Das *Lieferando Workers Collective*, eine Organisation von Fahrer*innen, die sich für bessere Arbeitsbedingungen einsetzt, hat die Einladung auf Twitter öffentlich gemacht.[256] Es ist nicht das erste Mal, dass die Lieferando-Fahrer*innen nicht zu einer Firmenfeier eingeladen sind: Für mehr als 5000 Büroangestellte gab es im April 2022 einen viertägigen Ski-Ausflug in die Schweiz. *Snow Fest*, hieß der Trip. Die angeblichen Kosten? 15 Millionen Euro.[257] Die Reaktionen der Fahrer*innen veröffentlicht das *Workers Collective* in einem Kurzfilm: »Ich finde, das ist eine ziemlich gute Metapher«, sagt eine Person darin. »Sie machen diesen Ski-Trip, bei dem sie die ganze Zeit Spaß haben und sogar unsere Jacken tragen, aber dann gibt es viele Menschen hier in Berlin, die mit ihren Fahrrädern auf den vereisten Straßen fahren und darum bitten, das nicht tun zu müssen und nicht unter diesen gefährlichen Bedingungen arbeiten zu müssen – und sie zwingen sie trotzdem dazu.«[258]

Doch einige Beschäftigte wollen diese Zweiteilung nicht länger mitmachen. Vor der Poolparty protestieren Fahrer*innen, auf Social Media wird darüber diskutiert, wie fair das Verhalten des Unternehmens ist. Auch in anderen Ländern werden die Beschäftigten von Essenslieferdiensten laut: Auf dem chinesischen Festland und in Hongkong protestieren Fahrer*innen von Foodpanda für faire Bezahlung und bessere Arbeitsbedingungen.[259] In Myanmar wird bei Foodpanda gestreikt[260], in der Türkei streiken die Fahrer*innen von Yemeksepeti, der türkischen Tochter von Delivery Hero.

Ein anderes Unternehmen, das für seine Schere aus *Lovely* und *Lousy* bekannt ist, ist Amazon. Amazons CEO Andy Jassy hat 2021 fast 213 Millionen US-Dollar verdient – und damit mehr als 6000-mal so viel wie die Durchschnittsmitarbeiter*innen.[261] Besonders harsch sind die Arbeitsbedingungen – und die Lohnunterschiede – für die Arbeitskräfte in den Logistikzentren sowie für die Fahrer*innen, die Pakete ausliefern. Jeder ihrer Schritte wird überwacht, der Druck ist extrem hoch.[262] Einige Fahrer*innen mussten sogar während ihrer Schichten in Plastikflaschen pinkeln, weil ihnen nicht genug Zeit für Pausen zugestanden wurde.[263] Im August 2021 starben sechs Menschen in einem Amazon-Lager im US-Bundesstaat Illinois bei einem Tornado, als Teile des Gebäudes einstürzten. Die sechs getöteten Menschen hatten es nicht mehr in den Nordteil geschafft, wo es einen Schutzbereich gab.[264]

Nicht nur die Unternehmen, auch die Kund*innen behandeln die Mitarbeitenden teils wie Menschen zweiter Klasse: Anfang 2022 gab es einen (Gott sei Dank kurzlebigen) »Trend« auf TikTok: Amazon-Lieferkräfte fanden an der Tür der Kund*innen, die sie belieferten, einen Zettel, der sie bat, für die Überwachungskamera an der Tür zu tanzen. Diese Tanzvideos wurden dann auf TikTok veröffentlicht. »Diese Arbeiter – die nicht dafür bezahlt werden zu tanzen – werden zu Social-Media-Promis gemacht«, schreibt *Vice*[265]. Die Fahrer*innen fühlten sich unter Druck, alles zu tun, was die Kund*innen sagten, um eine schlechte Bewertung oder Beschwerde zu vermeiden.

Nicht alle Fahrer*innen sind fest angestellt, viele arbeiten selbstständig für Unternehmen wie Amazon Flex: Sie haben dann keine zugesicherte Mindestarbeitsdauer, müssen ihre eigene Kranken-, Renten- und Arbeitslosenversicherung bezahlen und mit ihrem eigenen Auto fahren, für das sie selbst Benzin, Steuern und Versicherung bezahlen. Wird ein Paket beschädigt oder geht verloren, tragen sie die Verantwortung.

All diese Jobs sind Teil der Platform oder Gig Economy, in der sich die Arbeit in den vergangenen Jahren grundlegend verändert hat. Die Plattform steht dabei im Mittelpunkt der Arbeit – egal ob beim Fahrdienst Uber, beim Putzdienst Helpling oder beim Handwerksportal MyHammer. Wer gute Arbeit leistet, bekommt fünf Sterne und vielleicht noch ein Trinkgeld in die Hand gedrückt. Wer schlecht bewertet wird, verliert möglicherweise seinen Lebensunterhalt. Es sind nicht mehr Vorgesetzte, die Aufgaben verteilen, sondern die Organisation der Arbeit läuft komplett über Apps und digitale Plattformen – und letztlich über Algorithmen. Das bedeutet allerdings auch, dass jede Bewegung überwacht wird. So auch bei Amazon Flex. Wurden Routen in der vorgegebenen Zeit gefahren? Wurden alle Pakete so ausgeliefert wie geplant? Der Algorithmus ignoriert Wartezeiten oder schlechte Straßenverhältnisse. Er bewertet die Fahrer*innen. Wer eine schlechte Bewertung hat, kann gefeuert werden. Auch für die Entlassung sind keine Vorgesetzten mehr zuständig. Die Kündigung kommt automatisch, per E-Mail.[266] Dabei sollte Technologie uns doch eigentlich dabei helfen, besser zu arbeiten – nicht schlechter. Wollen wir eine bessere Arbeitswelt für alle, müssen wir dringend wieder wegkommen von Arbeitsverhältnissen, in denen Algorithmen bestimmen, wie schnell gearbeitet werden soll.

Die Arbeitsverhältnisse in der Gig Economy sind oft prekär: Wer Teil davon ist, arbeitet oft selbstständig, ist über Drittfirmen angestellt oder hat einen (befristeten) Arbeitsvertrag auf Stundenbasis. In einigen Ländern wie Großbritannien gibt es sogar

Verträge mit einer garantierten Arbeitszeit von null Stunden: Wenn es Arbeit gibt, wird sie den Beschäftigten angeboten. Sicherheit gibt es keine, ein garantiertes Mindesteinkommen auch nicht. Die Gig Economy ist quasi der Höhepunkt der Hustle-Kultur, die Produktivität über alles stellt: Wenn du dich genug anstrengst, kannst du mit dieser Arbeit reich werden, so das Versprechen. Dafür hast du völlige Freiheit. Du bist flexibel, kannst arbeiten, wann und wie du willst. Ist das nicht toll? Nein, ist es nicht. Von den prekären Verhältnissen, der Unsicherheit und den schlechten Arbeitsbedingungen ist bei diesen Versprechungen nämlich nichts zu hören. Nicht immer sind diese Arbeitsverhältnisse rechtlich einwandfrei: 2020 musste Amazon in Spanien 3000 Fahrer*innen fest anstellen, die zuvor als Scheinselbstständige beschäftigt waren.[267] Uber muss seine Fahrer*innen in den Niederlanden fest anstellen.[268] Auch in anderen Ländern landeten diese angeblich so flexiblen Arbeitsbedingungen vor Gericht.

Uber und Co. sind groß geworden in einer Zeit von geringen Zinsen und hohen Investitionen in Start-ups. Doch jetzt stehen die Unternehmen der Gig Economy an einem Wendepunkt: Wenn die Zinsen steigen, wird es für Investor*innen immer weniger attraktiv, ein (noch) nicht profitables Geschäft zu finanzieren. All diese Unternehmen funktionieren allerdings so, dass sie möglichst viele Kund*innen anlocken wollen, selbst wenn sie jede einzelne Bestellung oder Fahrt bezuschussen müssen. Wenn das nicht mehr geht, weil es nicht mehr genug Investment-Gelder gibt, steigen die Preise, sinken die Nutzungszahlen, werden die Geschäftszahlen immer dunkelroter.

Außerdem wird es immer schwieriger, billige Arbeitskräfte zu finden – eben weil es so viele offene Jobs gibt, Unternehmen händeringend nach guten Leuten suchen und Beschäftigte die Wahl haben, für wen sie arbeiten wollen. Einem internen Dokument zufolge könnten Amazon in den USA schon im Jahr 2024 die Leute ausgehen.[269] Vor Beginn der Pandemie verlor Amazon

150 Prozent seiner Arbeitskräfte pro Jahr, deutlich mehr als in der Branche üblich. All diese Menschen müssen ersetzt werden, aber der Pool an verfügbaren Arbeitskräften in den jeweiligen Regionen ist nicht unendlich groß. Amazon bestreitet, dass das Dokument die wahre Situation darstellt. Aber da auch in den USA die Arbeitslosenquote so niedrig ist wie seit über 50 Jahren nicht mehr, bleibt es schwierig, alle verfügbaren Stellen zu besetzen und so die Nachfrage zu bedienen.

EINE NEUE ÄRA FÜR BETRIEBSRÄTE UND GEWERKSCHAFTEN

Dass ihre Arbeitskraft für die Unternehmen zwingend nötig ist, wissen auch die Beschäftigten: Sie können sich zunehmend aussuchen, für wen sie arbeiten wollen – und wie. Dass sie sich ihrer Macht bewusst werden, zeigt sich deutlich in einer Entwicklung: der steigenden Zahl von Betriebsratsgründungen. Dabei sind es nicht mehr nur Angestellte in Fabriken, die sich organisieren. Es sind Beschäftigte in Branchen und Unternehmen, die historisch gesehen nicht dafür bekannt sind: Mitarbeiter*innen bei Tik-Tok.[270] In der Gamesbranche in Kanada.[271] Bei Aldi Süd.[272] Sogar in einem Stripclub in Los Angeles.[273] Und bei Amazon. In Wunstorf bei Hannover haben Beschäftigte in einem Amazon-Verteilzentrum im Sommer 2022 einen Betriebsrat gegründet – ebenso an den Standorten in Achim und Winsen.[274]

Noch größer als in Niedersachsen ist die Bewegung der Organisation von Amazon-Mitarbeitenden in den USA. Eine *union* in den USA ist je nach Kontext entweder eine Art Betriebsrat oder eine Art Gewerkschaft: Stimmen Beschäftigte in einem Unternehmen für den Beitritt zu einer *union* ab, gründen sie im Prinzip einen Betriebsrat, der dann oft mit Unterstützung einer übergeordneten Organisation – dem Äquivalent einer Gewerkschaft – einen Vertrag mit dem Management aushandelt. Bei

Amazon müssen sich die Mitarbeiter*innen jedes Standortes einzeln organisieren. Jedes Logistikzentrum und jedes Verteilzentrum wählt also einzeln, ob es der *union* beitreten will. Ähnlich ist es in Deutschland auch, wenn zum Beispiel die Mitarbeiter*innen von Douglas oder Aldi einen Betriebsrat gründen wollen: Jede Filiale muss dafür eigens abstimmen. Das erschwert die Organisation, weil an jedem Standort genug Menschen zusammenkommen und überzeugt werden müssen.

Angeführt wird die Arbeiter*innen-Bewegung bei Amazon in den USA von Chris Smalls, einem Schwarzen Mann Mitte 30. Er organisierte 2020 einen Streik, um besseren Schutz der Amazon-Lagerarbeiter*innen vor Corona einzufordern, und wurde gefeuert. Die Kündigung führte aber nicht dazu, dass Smalls die Sache ruhen ließ, im Gegenteil: Jetzt hatte er Zeit, um sich komplett der Organisation der Arbeitnehmer*innen an seinem früheren Arbeitsplatz zu widmen. Elf Monate lang war er fast jeden Tag vor dem Logistikzentrum und redete mit seinen früheren Kolleg*innen. Er grillte und verteilte Essen. »Wir haben alles getan, was nötig war, um mit den Arbeiter*innen in Kontakt zu treten und ihr Leben ein bisschen einfacher und ein bisschen weniger stressig zu machen«[275], sagte Smalls. Seine Anstrengung war erfolgreich: Seit dem 1. April 2022 ist das Amazon-Logistikzentrum in Staten Island, dem südlichsten Stadtbezirk von New York City, Teil der *Amazon Labor Union* (ALU), die von Smalls und anderen Amazon-Beschäftigten gegründet wurde. Amazon hatte mit aller Kraft versucht, die Organisation seiner Mitarbeiter*innen zu stoppen, das Ganze ging sogar vor Gericht. Am Ende hat es nichts gebracht: Die Beschäftigten waren stärker. In den USA geben Unternehmen pro Jahr ungefähr 340 Millionen Dollar für *union busting* aus – also für den Versuch, die Bildung von Betriebsräten zu bekämpfen.[276] Auch in Deutschland gibt es immer wieder systematische Versuche von Unternehmen, die Gründung von Betriebsräten zu erschweren oder zu verhindern.

Die Kaffeekette Starbucks erlebt ebenfalls einen Schwung an Betriebsratsgründungen. Angefangen hat es auch hier mit einem einzigen Laden, in Buffalo, im US-Bundesstaat New York. Im Dezember 2021 trat dort eine Starbucks-Filiale der Gewerkschaft *Workers United* bei und stimmte für einen Betriebsrat. Zuletzt hatte es bei Starbucks in den 1980er-Jahren einen Betriebsrat gegeben. Anfang Juli 2022 – also ein halbes Jahr später – hatten bereits mehr als 180 Filialen der Kaffeekette in den USA für eine *union* gestimmt. Aber wieso ist ausgerechnet Starbucks zum Paradebeispiel für die neue Macht der Beschäftigten geworden? Um das herauszufinden, treffe ich mich in Columbus, Ohio, mit Gabe und Damon. Beide arbeiten bei Starbucks und engagieren sich dafür, die Mitarbeiter*innen ihrer Filialen zu organisieren. Außerdem dabei: Jeremy, der seit 15 Jahren Beschäftigten dabei hilft, Gewerkschaften beizutreten.

Damon arbeitet seit neun Jahren bei Starbucks. »Quasi verbeamtet«, sagt er. Sein Coffeeshop ist mitten in der Innenstadt, fünf Minuten vom *Ohio Statehouse* entfernt, dem Sitz der Landesregierung. Er sagt, er habe bei Starbucks angefangen, weil es ein Ort ist, an dem Menschen zusammenkommen.

Gabe arbeitet seit drei Jahren bei Starbucks. Es war der erste Job, für den er sich beworben hat, als er in die Stadt gezogen ist. Er träumt davon, irgendwann selbst ein Café aufzumachen und dachte, dass er bei Starbucks lernen könnte, wie das funktioniert. Seine Filiale ist in Westerville, etwa 20 Minuten nördlich von Downtown Columbus, an einer Autobahn, neben vielen anderen Fast-Food-Optionen: KFC, Papa John's Pizza, Wendy's, Panera Bread. Im Gespräch mit den beiden verstehe ich, warum es gerade jetzt so einen großen Wunsch nach Veränderung gibt: Weil sich die Arbeitsbedingungen in den letzten Jahren stark verändert haben, und zwar zum Negativen.

Starbucks galt immer als eines der progressiveren Unternehmen in den USA. Wer dort arbeitet, kann sich über den Job krankenversichern lassen, was gerade im Dienstleistungssektor keine Selbstverständlichkeit ist. Es gibt bezahlte Urlaubstage und Zuschüsse zu Unigebühren. Was ich nicht wusste: Krankenversicherung gibt es nur für Angestellte mit einer gewissen Stundenzahl. Wer seinen Job verliert oder nicht genug Stunden bekommt, verliert seine Versicherung. Mit der Corona-Pandemie ist allerdings nicht nur der Bedarf nach Krankenversicherung gestiegen, sondern auch die Arbeitsbelastung.

»Sie haben uns gesagt, dass sie sich um uns kümmern werden«, sagt Damon. Zu Beginn der Corona-Pandemie habe es drei Dollar extra pro Stunde für alle gegeben, die trotzdem zur

Arbeit kamen. Allerdings dauerte es nur kurz, bis die meisten Schutzmaßnahmen wieder eingestellt wurden. Ab dem Sommer 2020 durften Kund*innen wieder ohne Masken in die Läden kommen. Die Beschäftigten bekamen Stoffmasken aus dünnem T-Shirt-Stoff gestellt – kein sehr guter Schutz, wie wir mittlerweile wissen. »Es war sehr vielsagend, wie sehr sie im Unternehmen darüber gesprochen haben, dass wir so stark seien wie Kaffee und dass sie uns als essenzielle Arbeitskräfte zu schätzen wissen«, sagt Damon. »Und dann, nach so kurzer Zeit, entscheiden sie, ihre Profite über unsere Sicherheit zu stellen. Das war ein Schlag ins Gesicht.«

Gabe erzählt, dass sein Laden als einer der wenigen fast die ganze Zeit geöffnet hatte. »Wir hatten 30 Minuten lange Wartezeiten, obwohl wir die Online-Bestellungen abgeschaltet hatten«, sagt Gabe. »Das Café war so voll wie eine Bar am Samstagabend.«

Bereits vor der Pandemie hatte sich die Arbeit stark verdichtet. Wer früher einen Kaffee bei Starbucks trinken wollte, kam in einen Coffeeshop, bestellte am Tresen und holte sich sein Getränk ab. Heute können Kund*innen ihre Getränke mobil bestellen, liefern lassen oder direkt aus ihrem Auto bestellen: Solche Drive-Thrus gibt es vor allem bei Coffeeshops, die an Autobahnen oder großen Straßen liegen – wie bei der Filiale von Gabe. »Schon bevor das Café öffnet, steht eine Schlange von Autos ums Eck herum. Sie blockieren den Verkehr und warten darauf, dass wir aufmachen«, sagt er. Durch die unterschiedlichen Bestellwege sind die Arbeitslast und der Druck auf die Mitarbeiter*innen gestiegen.

Zu der generellen Arbeitsverdichtung kommen Stoßzeiten, die durch Sonderaktionen verursacht werden. Dem *Red Cup Day*, zum Beispiel, an dem Weihnachtsgetränke in einem kostenlosen roten Plastikbecher verkauft werden. »Unsere Wartezeiten waren so groß, dass wir selbst mit Extrapersonal Berge von Essen daliegen hatten, das längst kalt war«, sagt Gabe. Massenchaos, wie Damon es nennt. »Wir haben keinen Bonus für all diese Arbeit bekommen. Nichts lief nach Plan, und das Unternehmen machte viel Geld.« Zwar ist der Umsatz von Starbucks 2020 pandemiebedingt eingebrochen, aber 2021 übertrafen die Umsätze wieder die Zahlen aus dem Jahr 2019. »Es gibt so große Unterschiede bei der Verteilung von Reichtum, so viel Ungerechtigkeit bei den Löhnen«, sagt Damon. »Mehr Gewinne sind einfach nur mehr Gewinne. Dabei könnten sie auch höhere Löhne sein, die an die Mitarbeiter*innen gehen. So viele von uns leben in Armut oder haben es richtig schwer.« Oft seien es die Filialleiter*innen, die aus der eigenen Tasche einen Pizzaabend oder eine Runde Drinks bezahlen, um die Angestellten ein wenig für ihre Extraarbeit zu belohnen.

Doch meistens sind die Beschäftigten selbst dafür zu müde. »Niemand will nach einer Sonderaktion noch abhängen und etwas unternehmen, weil alle emotional und körperlich erschöpft sind«, sagt Gabe. »Ich bin oft einfach heimgekommen, habe mich auf die Couch gesetzt, die Füße hochgelegt und wollte fernsehen«, sagt Damon. »Stattdessen habe ich einfach nur auf die Wand geschaut. Ich bin in eine richtige Krise verfallen: Du hast frei, du solltest was tun. Aber ich war so müde, dass ich gar nichts tun wollte.«

Ich frage Jeremy, der schon in vielen Unternehmen bei der Organisation von Betriebsräten geholfen hat, was sich seit der Pandemie verändert hat. Die Unternehmen, erklärt er, hätten immer einen Trumpf in der Hand gehabt: dass ihre Angestellten von einem Mittelklasseleben träumten. Die Bedingung dafür war der Job, ihn zu verlieren ein Risiko. »Leute müssen an den Punkt kommen, an dem sie das Gefühl haben, sie hätten nichts mehr zu verlieren«, sagt Jeremy. »Ich hatte das aber noch nie von jemandem gehört.« Das hat sich während der Pandemie verändert. Das bestätigt auch Damon: »Ich arbeite seit über zehn Jahren in der Serviceindustrie. Jeder will uns. Ich könnte überall hingehen und einen Job in der Gastronomie bekommen. Ich bin nicht darauf angewiesen, nicht gefeuert zu werden. Ich kenne meinen Wert.«

Die Pandemie habe den Vorhang der jahrzehntelangen Propaganda der Unternehmen zurückgezogen, sagt Jeremy. Unternehmen hätten behauptet, dass sie wie eine Familie seien, dass sie sich um ihre Leute kümmern würden. »Jetzt merken die Menschen: Wir können uns nicht auf unsere Arbeitgeber*innen verlassen, aber wir können uns aufeinander verlassen.«

Diese Gemeinschaft, die sich gebildet hat, ist bei Starbucks-Mitarbeitenden im ganzen Land zu sehen. Die Mitarbeiter*innen der Filialen unterstützen sich gegenseitig auf Social Media und feiern jeden Laden, der es geschafft hat, einen Betriebsrat zu gründen. Einige Menschen sind quasi zu Promis der *Starbucks-Union*-Bewegung geworden – vor allem diejenigen, die gefeuert wurden, während sie in ihren Läden für den Beitritt zu *Starbucks Workers United* geworben haben. Ein Gericht hat mittlerweile geurteilt, dass einige dieser Kündigungen nicht rechtmäßig waren.[277] Manche Filialen, die Betriebsräte gründen wollten, wurden sogar ganz geschlossen.[278] Dass Starbucks-Gründer Howard Schultz kein großer Fan von Betriebsräten und Gewerkschaften ist, ist kein Geheimnis. Er ist für Sätze bekannt wie »Wir sind kein Kohlebergwerk, wir missbrauchen unsere Leute nicht«.[279] Oder: »Wir sind nicht dahin gekommen, wo wir heute sind, indem wir eine *union* hatten.«[280]

Aber dann kam der erste organisierte Laden in Buffalo – und die Dutzenden anderen Läden, die Betriebsräte wählten. »Ich glaube nicht, dass unser Laden darüber nachgedacht hätte, sich zu organisieren, wenn Buffalo nicht so hohe Wellen geschlagen hätte«, sagt Gabe. »Ich wusste nicht, dass wir in der Lebensmittelindustrie so etwas machen können.« Auch bei Damon in der Filiale hat Buffalo alles verändert. »Wir haben alles verfolgt, jede Meldung«, sagt er. »Wir haben gesehen, dass sie sich aus sehr ähnlichen – oder sogar aus genau denselben – Gründen organisiert haben, aus denen wir es auch tun wollten.« Die Forderungen an das Unternehmen variieren von Filiale zu Filiale, beinhalten aber oft bessere Arbeitsbedingungen, höhere Bezahlung, mehr Personal und die Möglichkeit für Kund*innen, auch bei Kartenzahlungen Trinkgeld geben zu können.

Mittlerweile sind die beiden Läden, in denen Gabe und Damon arbeiten, auch Teil der *union*. »Ich glaube, Starbucks hat wirklich unterschätzt, wie Millennials und Gen Z Social Media nutzen«, sagt Gabe. Die Bewegung ist auf Social Media entstanden, hat sich online verbreitet und ist jetzt in den Läden angekommen.

Das schlägt Wellen jenseits von Starbucks oder Amazon. In den USA zeichnet sich eine Trendwende bei der Unterstützung von *unions* ab: Mehr als 70 Prozent der US-Bevölkerung befürworten Betriebsräte und Gewerkschaften, der höchste Wert seit 1965.[281] 2021 waren in den USA allerdings nur 10,3 Prozent der Erwerbstätigen Mitglied in einer *union*.[282] In Deutschland waren 2018 knapp 17 Prozent der Beschäftigten Mitglied in einer Gewerkschaft. Jüngere, Angestellte und Akademiker*innen sind immer seltener organisiert, wie eine Auswertung des Instituts der deutschen Wirtschaft zeigt: Bei Beamt*innen liegt der

Mitgliederanteil bei knapp 28 Prozent, bei Arbeiter*innen bei 22 Prozent.[283] Aber auch hier gibt es ein Umdenken bei denjenigen, die bisher unterrepräsentiert waren: Junge, oft prekär beschäftigte Mitarbeiter*innen organisieren sich auch in Deutschland. Oft arbeiten sie für Start-ups, von denen gesagt wurde, sie könnten ihre Branchen revolutionieren.

»WIR SIND IHNEN EGAL«

Eines dieser Unternehmen ist Gorillas: Ein Lieferdienst, der verspricht, Einkäufe »in Minuten« zu liefern. Wer in einer Großstadt wohnt, hat die Fahrer*innen bestimmt schon mal gesehen: Sie tragen schwarz und haben riesige eckige Rucksäcke auf dem Rücken. Bestellt wird in der App, die Lebensmittel werden zentral in Lagerhallen gelagert, dort von Pickern zusammengepackt und von Ridern per Fahrrad ausgeliefert. Das Unternehmen wurde im Mai 2020 in Berlin gegründet und hatte ein Jahr später eine Bewertung von über einer Milliarde US-Dollar. Seit November 2021 hat Gorillas einen Betriebsrat – auch wenn die Unternehmensführung vor Gericht versucht hat, die Wahl zu verhindern.[284]

Bei Gorillas läuft es für Fahrer*innen so: Sie erhalten einen fixen Stundenlohn, dazu kommt ein Bonus je nach Anzahl der ausgelieferten Bestellungen plus potenziell Trinkgeld. Wer wann wohin fahren muss, teilt die App mit. Wer besonders schnell ist, bekommt mehr Aufträge und kann somit auch mehr Geld verdienen. Sogar ein System, das schnellere Fahrer*innen bei der Vergabe von Schichten bevorzugt, war zeitweise im Gespräch.[285] Ich verbringe im Sommer 2022 einen Tag mit aktuellen und früheren Gorillas-Mitarbeiter*innen in Berlin. All ihre Namen habe ich geändert.

Sunil kommt aus Indien, studiert in Deutschland, und

verdiente sich mit dem Fahren für Gorillas seinen Lebensunterhalt. Verdiente, denn Sunil gehört zu den »Troublemakern«, einer Gruppe von Personen, die für einen Betriebsrat gekämpft haben und denen gekündigt wurde. Als wir sprechen, ist er deshalb noch vor Gericht gegen Gorillas zugange. Sunil ist sehr aktiv im Betriebsrat und über das eigene Unternehmen hinaus gut vernetzt: mit Mitarbeiter*innen bei Flink, Getir und Lieferando, die unter ähnlichen Bedingungen arbeiten und sich auch organisieren.

Ich begleite ihn zu einer regelmäßigen Aktivität des Betriebsrats: dem Gang zum Arbeitsgericht. Mitglieder des *Gorillas Workers' Council* unterstützen Kolleg*innen regelmäßig dabei, beim Gericht Anträge einzureichen und Forderungen ans Unternehmen zu stellen. Viele Leute würden sich allerdings nicht trauen zu klagen, sagt Sunil. Ein großer Teil der Fahrer*innen komme aus Pakistan oder so wie er aus Indien. In den Lagerhallen hingegen arbeiten seiner Erfahrung nach vor allem Leute aus Europa oder Südamerika. »Wer ein Visum hat oder aus den USA, aus Großbritannien oder aus einem anderen EU-Land kommt, klagt oft nicht, weil sie andere Möglichkeiten haben, Geld zu verdienen«, sagt er.

Am Arbeitsgericht treffen wir Nick. Nick hat für Gorillas als Picker gearbeitet, also im Lager die Einkäufe zusammengesucht. Er kommt ursprünglich aus England und hatte einen Jahresvertrag bei Gorillas, der vor drei Monaten abgelaufen ist. Seitdem wartet er auf restliche Zahlungen. Es geht um mehr als 2000 Euro. »Ich habe drei Monate lang kein Geld bekommen«, erzählt Nick. »Ich konnte meine Miete nicht mehr zahlen. Ab Montag habe ich keine Wohnung mehr. Ich kann die Rechnungen nicht bezahlen, die sich anhäufen. Ich habe so viel Geld von Freunden geliehen, nur um zu überleben.« Die Situation wirkt sich auf Nicks mentale Gesundheit aus: »Ich fühle mich unglaublich gestresst und bin an manchen Tagen richtig depressiv.

Manchmal komme ich nicht mal aus dem Bett.« Er zeigt mir E-Mails, die er an Gorillas geschickt hat, in denen er erklärt, was es für ihn bedeutet, das Geld nicht zu bekommen. Er schreibt darin, dass er seine Wohnung verlieren wird. Er wohnt mit seinem Freund zusammen, der ebenfalls gerade auf Jobsuche ist. »Ich habe Suizidgedanken«, steht in Nicks Mail ans Unternehmen. Als Antwort bekommt er: »Es tut mir leid, dass ich nicht helfen kann.« Wir reden über seine Zeit bei Gorillas. Ich bin verwundert, wie er trotz allem darüber spricht: »Die ersten sechs Monate waren großartig«, sagt er. Gorillas war noch nicht mal ein Jahr alt, »es gab nicht diese Konzernscheiße«. Dann habe sich das Unternehmen auf Wachstum fokussiert, nicht mehr auf seine Leute. »Alle haben so hart gearbeitet, damit Gorillas erfolgreich ist«, sagt er. »Und es wurde kein bisschen wertgeschätzt.«

Nachdem wir die Unterlagen für eine Zahlungsklage beim Arbeitsgericht abgegeben haben, gehen wir zurück ins Büro des *Workers' Council* im Berliner Stadtteil Friedrichshain. Das Büro ist in einem ehemaligen Gorillas-Lagerhaus untergebracht, in dem jetzt Schreibtische stehen. Es gibt eine Küchenecke, die mich an eine WG-Küche erinnert. Es ist heiß, alle Türen stehen offen, ein Ventilator bläst. Trotz der Hitze kommen einige frühere und aktuelle Mitarbeiter*innen vorbei. Sie erzählen von ihren Erfahrungen.

Marco ist seit einer Weile nicht mehr bei Gorillas, er fängt bald einen neuen Job in einem Restaurant an. »Leute sind gegangen, aus verschiedenen Gründen, und es sind kaum neue Leute nachgekommen«, sagt er. An einem Punkt habe es zu wenige Mitarbeiter*innen gegeben, ein komplettes Desaster. »Wir haben es trotzdem noch irgendwie hingekriegt, aber wir haben nie wirklich ausreichende Hilfe vom oberen Management bekommen.« Während seiner Zeit als Fahrer hatte er einen Arbeitsunfall. Kopfsteinpflaster, Regen, ein Kind, das auf die Straße rennt.

Er bremst, fällt, prallt mit dem Kopf auf den Boden. »Ich hatte Glück, dass ich den Helm aufhatte«, sagt er. Viele andere seien ohne gefahren. Das berichtet auch das *SZ-Magazin:* Anfangs mussten die Fahrer*innen sich Helme teilen, mittlerweile stellt das Unternehmen den Ridern eine Schutzausrüstung – inklusive Helm.[286] Gorillas stellt den Ridern für ihre Schichten auch E-Bikes zur Verfügung. Wie auf der Webseite des Unternehmens nachzulesen ist, benötigen Mitarbeiter*innen außerdem »ein Telefon mit einer Datenverbindung«[287]. Wie das Bundesarbeitsgericht 2021 geurteilt hat, haben Rider »einen Anspruch auf Bereitstellung eines geeigneten Fahrrads und Mobilfunkgeräts als essentielle, geeignete Arbeitsmittel«. Vertragliche Abweichungen seien möglich, wenn für die Nutzung eines eigenen Fahrrads und Mobiltelefons »eine angemessene finanzielle Kompensationsleistung zugesagt wird«.[288] Carlos erzählt mir, dass die Fahrräder, die die Fahrer*innen gestellt bekommen, oft kaputt sind und nicht genügend gewartet werden. Mangelnde Ausrüstung kann vor allem bei schlechtem Wetter problematisch werden: Im Februar 2021 protestierten Fahrer*innen mehrerer Lieferdienste in Berlin, nachdem sie bei Schnee und Glatteis Lebensmittel ausliefern mussten – ihren Aussagen nach mit unzureichender Ausrüstung.[289]

Dass Gorillas so groß werden konnte, hat das Unternehmen auch Corona zu verdanken: Viele Menschen blieben zu Hause, ließen sich Lebensmittel liefern. Die Kehrseite davon spielte sich in den Logistikzentren und Lagerhallen ab, wo sich Beschäftigte infizierten. »Ich weiß nicht, wie viele Fälle wir hatten, aber sie haben das Lager nie geschlossen. Nicht mal für eine Stunde, um es richtig gründlich zu desinfizieren«, erzählt mir ein Mitarbeiter. Ein anderer Mitarbeiter, mit dem ich spreche, hatte selbst Corona, während er bei Gorillas gearbeitet hat. Er meldete es dem Gesundheitsamt, sagte bei der Arbeit Bescheid, blieb zu Hause. Er hatte Symptome, war richtig krank. Zu diesem Zeitpunkt dauerte die offizielle Isolation zehn Tage. Fünf Tage später kam ein Anruf: Ob er jetzt wieder zurück in die Arbeit käme? »Sie haben so viel Druck gemacht, dass ich noch einen Schnelltest gemacht habe, noch einen PCR-Test. Beide positiv.« Erst als er die zusätzlichen Testergebnisse an das Unternehmen schickte, wurde er in Ruhe gelassen.

»Das sind keine akzeptablen Arbeitsbedingungen«, sagt Carlos über die Arbeit bei Gorillas. »Ich kann nicht glauben, dass Deutschland den Anspruch erhebt, das führende Land in Europa zu sein. Das, was wir erleben, ist kein europäischer Standard. Das ist nicht Europa.« Dass wir in Deutschland diese Situation haben, hat auch mit der Agenda 2010 zu tun, die uns

die Hartz-Reformen gebracht hat. Seit diese ab 2003 umgesetzt wurden, ist die Zahl derjenigen stark angestiegen, die in atypischen Beschäftigungsverhältnissen arbeiten: in Teilzeit, in Minijobs, befristet, solo-selbstständig oder als Leiharbeiter*innen. Die Anzahl an sozialversicherungspflichtigen Vollzeitbeschäftigten hat sich zwischen 2003 und 2016 relativ stabil bei knapp unter 23 Millionen gehalten. Gleichzeitig ist die Zahl der Beschäftigten in Teilzeit und Leiharbeit von zusammen unter fünf auf mehr als neun Millionen gestiegen. Die Zahl der Minijobber*innen alleine erhöhte sich von 5,6 Millionen auf 7,75 Millionen.[290] Zudem hat Deutschland eine vergleichsweise hohe Niedriglohnquote von mehr als 20 Prozent im Jahr 2018. Der EU-Schnitt liegt bei 15,5 Prozent. Niedriglohn bedeutet, dass Beschäftigte weniger als 60 Prozent des mittleren Bruttostundenverdienstes erhalten.[291] In Dänemark, Frankreich und Italien liegt die Niedriglohnquote unter zehn Prozent, in Finnland, Portugal und Schweden unter fünf. Und ja, die Arbeitslosenquote in Deutschland ist seit 2003 stark zurückgegangen – von 11,6 Prozent auf 5,5 Prozent im Jahr 2019.[292] Aber eben nicht, weil Menschen in gute Jobs vermittelt wurden, sondern weil sie in prekäre Beschäftigungsverhältnisse eingestiegen sind, aus denen es nur wenige in die reguläre Vollzeitbeschäftigung schaffen. Das politische Ziel ist Vollbeschäftigung. Diese bringt allerdings wenig, wenn es zunehmend an guten Jobs mit vernünftiger Bezahlung und Arbeitsbedingungen mangelt und gleichzeitig immer mehr arbeitende Menschen in Armut leben.

Der Thinktank Dezernat Zukunft kritisiert in diesem Zusammenhang den Begriff der Vollbeschäftigung. Diese sei »nur bedingt aussagekräftig: Die Arbeitslosenquote gibt nicht an, ob die Arbeit den Menschen entspricht oder ihnen ein Leben in Würde ermöglicht. Sie gibt also wenig Auskunft darüber, ob das Potenzial des Arbeitsmarkts ausgeschöpft ist.« In Zeiten von Fachkräftemangel und demografischem Wandel reiche es nicht mehr, nur die Arbeitslosenquote zu betrachten. Stattdessen sei das Ziel der Vollauslastung sinnvoller: »Ein Zustand, in dem alle Menschen im Erwerbsalter die Chance haben, ihre Fähigkeiten und Veranlagungen so in Arbeit zu übersetzen, wie sie das möchten.« So könnten Menschen den eigenen Lebensunterhalt gut bestreiten und für die Zukunft vorsorgen, aber es würde auch »eine optimale Verwendung der Ressource Arbeit sichergestellt« werden.[293]

Der britisch-amerikanische Ökonom David G. Blanchflower sieht hier die Politik in der Pflicht, ihr Denken zu verändern: »Da sich die Regierungen ausschließlich auf die Arbeitslosenquote konzentrieren, gehen sie davon aus, dass sich alles prächtig entwickelt. Denn die ist ja niedrig und sinkt weiter. Aber die Frage ist doch: Wenn wir in Ländern wie den USA, Großbritannien, den Niederlanden oder Deutschland wirklich eine Vollbeschäftigung hätten – warum sind dann so viele Menschen verzweifelt, kommen nicht über die Runden mit ihrem Geld, entwickeln Depressionen, wählen rechte Populisten und fühlen sich von der Gesellschaft zurückgelassen?« Eine Arbeitslosenquote von drei Prozent entspreche normalerweise bereits der Vollbeschäftigung, »denn irgendjemand ist immer zwischen zwei Jobs, will oder kann gerade partout keinen annehmen«, so Blanchflower.[294] Wie unterschiedlich auf den Begriff geschaut wird, zeigen auch zwei Schlagzeilen vom 29. August 2018. Die *Frankfurter Allgemeine Zeitung* schreibt über die Arbeitslosenquote von fünf Prozent: »Deutschland nähert sich der Vollbeschäftigung«.[295] Die Überschrift zu denselben Zahlen im *Handelsblatt* lautet: »Der Weg zur Vollbeschäftigung ist noch weit«.[296]

Die Austeritätspolitik Deutschlands – also der Sparkurs der Regierung, die die »schwarze Null« um jeden Preis halten will – ist Blanchflower zufolge ebenfalls mit Schuld an der Situation am Arbeitsmarkt: Dieser Sparkurs bremse zum einen die Wirtschaft aus und verhindere, »dass Menschen aus der Unterbeschäftigung in gute, stabile Arbeitsverhältnisse gelangen«. Zum anderen habe es in den vergangenen Jahren starke Einschnitte bei Institutionen wie sozialen Einrichtungen, Gemeinde- und Bürger*innenzentren gegeben, die Menschen in Krisen unterstützen können. Auch den Rückgang von Gewerkschaften sieht Blanchflower als Teil dieser Entwicklung. All das führt zu Jobs, in denen Menschen oft nicht gut behandelt werden – oder so schlecht verdienen, dass das Geld nicht zum Leben reicht. Laut Koalitionsvertrag der Ampel-Regierung sollen Teile der Hartz-Reformen in den kommenden Jahren wieder zurückgenommen werden. Aus Hartz IV ist zum Jahreswechsel 2023 das Bürgergeld geworden, mit dem wenigstens die Sanktionen verringert und die Anreize für Qualifizierung verstärkt werden sollen.[297] Dass der Mindestlohn steigt, ist ein gutes Zeichen. Aber das alleine hilft auch nicht, wenn die Stundenzahlen gleichzeitig begrenzt oder nicht garantiert sind. Am Ende des Monats landet dann nämlich nicht zwingend mehr Geld auf dem Konto. Die Erhöhung alleine ohne eine Veränderung der Arbeitsbedingungen ist nicht ausreichend. Es liegt also auch an den politischen Rahmenbedingungen, dass in Deutschland so gearbeitet wird, wie Carlos es mir im Büro des *Gorillas Workers' Council* beschrieb.

Carlos sagt in unserem Gespräch etwas, das ich immer wieder höre – von ihm und von den anderen Gorillas-Mitarbeiter*innen, mit denen ich spreche. »They don't care.« Es ist ihnen egal. Oder: Wir sind ihnen egal. Auch hier kommt dieses Bild von der Zwei-Klassen-Gesellschaft wieder auf. Von der klaren Trennung zwischen den Leuten, die in den Lagerhallen schuften und denen, die in den Büros sitzen. »Wenn sie zu uns kommen, ist es, als würden sie in ein Labor kommen, um sich die Ratten anzuschauen«, sagt ein aktueller Mitarbeiter. Ich frage, was sich ändern müsste. Alle winken ab. Es gebe kaum etwas, was das Unternehmen tun könnte, um das Ruder herumzureißen, finden sie. Eine Person glaubt sogar, dass es Gorillas nicht mehr geben wird, wenn mein Buch erscheint.

Tatsächlich ist die Situation von Gorillas nicht gerade rosig: Das *manager magazin* berichtet im Juni 2022, dass die letzte Finanzierungsrunde des Start-ups gescheitert sei und die Bestandsinvestor*innen kein weiteres Geld einbringen wollen.[298] Gorillas schrumpft, Angestellte werden entlassen, das Geschäft in Belgien dichtgemacht. Auch bei anderen Liefer-Start-ups häufen sich Negativschlagzeilen. Der Zerfall dieser Geschäftsmodelle, die darauf basieren, dass Menschen prekär beschäftigt für Unternehmen arbeiten und ihre Aufträge per App zugeteilt bekommen, könnte nahen – und damit das Ende der Gig Economy, wie wir sie kennen.

Das ist ein gutes Zeichen für die Menschen, die diese Jobs aktuell machen und wegen des Fachkräftemangels einfacher Alternativen finden können. Für die Verbraucher*innen bedeutet es, dass sie sich wieder von gewissen Annehmlichkeiten verabschieden müssen. Die Tüte Chips, die eine Viertelstunde später per Fahrrad gebracht wird, damit sie nicht selbst zum Supermarkt laufen müssen. Das Uber aus der Bar nach Hause, damit sie nicht die U-Bahn nehmen müssen. Das Amazon-Paket, das noch am selben Tag geliefert wird, unabhängig davon, ob die

Fahrer*innen Zeit für eine Pause hatten. Viele von uns haben für unsere eigene Bequemlichkeit lange Unternehmen unterstützt, von denen wir wissen, dass sie ihre Angestellten schlecht behandeln. War ja schließlich billig – und viele Menschen waren auf diese prekären Jobs angewiesen (das haben wir uns zumindest so eingeredet). Aber in einem Arbeitsmarkt, in dem alle Unternehmen händeringend nach Angestellten suchen, gibt es mehr Möglichkeiten für Mitarbeiter*innen, sich anderswo umzusehen. Das ist gut – und wichtig. Denn wenn wir darüber sprechen, wie wir künftig arbeiten wollen, geht es auch darum, gute und sichere Arbeitsbedingungen für alle zu ermöglichen.

DIE PREKÄRE ARBEIT MIT DOKTORTITEL

Der Großteil der Menschen, die prekär beschäftigt sind, arbeiten in Jobs wie denen, über die ich bisher geschrieben habe: in Supermärkten, in der Pflege, bei Lieferdiensten. Aber diese Branchen sind nicht die einzigen, in denen die Arbeitssituation gerade für junge Menschen äußerst prekär ist. Ein weiteres Beispiel ist ausgerechnet der Bereich, dessen Relevanz in den vergangenen Jahren für uns alle extrem deutlich wurde: die Wissenschaft.

2021 ging der Hashtag #IchBinHanna viral: Junge Wissenschaftler*innen teilten all die Dinge, die in ihrem Arbeitsalltag problematisch sind – und machten öffentlich, wie prekär das Leben mit Doktortitel ist. Alles fing an mit einem Video des Bundesministeriums für Bildung und Forschung, das mittlerweile gelöscht wurde.[299] In diesem Video lernen wir »Hanna« kennen, eine Biologin, die an ihrer Doktorarbeit schreibt. Sie hat einen befristeten Vertrag für drei Jahre, der gerade um drei weitere Jahre verlängert wurde. Erst wenn ihre Promotion abgeschlossen ist, bekommt sie einen weiteren Vertrag, mit dem sie in Forschung und Lehre arbeiten darf. Das Video erklärt das sogenannte Wissenschaftszeitvertragsgesetz (WissZeitVG). Es sei dazu da, damit eine Generation nicht »alle Stellen verstopft«, wie es im Video heißt. Wenn sie ihren Doktortitel hat, darf Hanna endlich wieder weitere befristete Verträge annehmen – zum Beispiel für ihre Habilitation. Maximal sechs Jahre ist die befristete Arbeit als Postdoc möglich. Oder anders gesagt: Hanna kann sich zwölf Jahre lang von befristetem Vertrag zu befristetem Vertrag hangeln. Ein unbefristeter Vertrag? Ist für sie nicht vorgesehen. »Hanna weiß, dass man eine Karriere in der Wissenschaft frühzeitig planen muss«, heißt es im Video. Dabei fehlt genau das jungen Menschen in der Wissenschaft: die Möglichkeit, ihr Leben zu planen. Zwei von drei hauptberuflichen, wissenschaftlichen Mitarbeitenden an deutschen Hochschulen sind befristet beschäftigt – Professor*innen miteingeschlossen. Die mittlere Vertragslaufzeit: 20 Monate, also deutlich unter zwei Jahren.[300]

Dass man extrem erfolgreich und trotzdem nur prekär angestellt sein kann, zeigt das Beispiel von Emma Hodcroft. Sie ist genetische Epidemiologin und hat Nextstrain mitentwickelt, eine Open-Source-Plattform, auf der man in Echtzeit verfolgen kann, wie sich ein Virus verändert. Sie hat an HIV geforscht und an SARS-CoV-2. Aktuell arbeitet sie in der Schweiz. Auf Twitter hat sie Zehntausende Follower*innen. Während der Corona-Pandemie war sie regelmäßig als Expertin im Fernsehen zu sehen, bei ARD, ZDF, SRF, Deutsche Welle und BBC.

In der freien Wirtschaft würde man sie feiern für diese Erfolge, sie würde auf Top-Listen auftauchen und Preise gewinnen. In der Wissenschaft kann sie froh sein, wenn ihr Vertrag verlängert wird: »Viele Postdocs haben Ein- oder Zweijahresverträge oder Verträge mit unklarer Laufzeit, die verlängert werden, wenn du mehr Geld zusammenkratzen kannst«, sagt sie. In dieser Position war sie in den vergangenen zwei Jahren. »Man weiß nie, ob man nach der nächsten Deadline noch einen Job hat oder nicht.« Diese Unsicherheit bringt viel Stress mit sich. »Es ist nicht gut für deine mentale Gesundheit, wenn du dir Sorgen machst, wann du deinen Partner das nächste Mal siehst, ob du deine Wohnung behalten kannst, ob du deinen Job verlierst«, sagt Emma. Sie ist keine Schweizer Staatsangehörige, ihre Aufenthaltsgenehmigung und ihr Mietvertrag sind an ihren Arbeitsvertrag geknüpft. Endet der, muss sie ihr ganzes Leben hinter sich lassen.

Dabei ist es nicht so, als könnten wir einfach auf junge Wissenschaftler*innen verzichten. »Die meisten Leute verstehen nicht, wie viel Forschung möglich gemacht wird durch prekär angestellte Mitarbeiter*innen«, sagt Emma. Sie beschreibt die akademische Welt wie eine Pyramide: »Es gibt viele Leute am unteren Ende, die spüren, was für Leute an der Spitze möglich ist. Wenn heute alle prekär Beschäftigten in der Wissenschaft verschwinden würden, käme die Forschung völlig zum Erliegen«, sagt sie. »Wir sind absolut abhängig von der Arbeit, dem Wissen und der Erfahrung der prekär Beschäftigten. Aber wir sind auch absolut davon abhängig, dass die große Mehrheit von ihnen geht – weil an der Spitze der Pyramide kein Platz mehr ist.« In einem Unternehmen ist es total klar, dass nicht alle CEO werden oder zu Top-Führungskräften aufsteigen können. Aber es wird auch nicht erwartet, dass die gesamte Belegschaft alle zwei Jahre gehen muss. »Du bist dann trotzdem ein Teammitglied, das geschätzt wird und die Arbeit macht, die nötig ist, damit das Unternehmen funktioniert«, sagt Emma.

In der Corona-Pandemie hat uns die Arbeit von prekär beschäftigten Menschen gerettet. »So viel Arbeit in der Pandemie wäre nicht möglich gewesen ohne Doktorant*innen, Studierende, Postdocs, wissenschaftliche Assistenzkräfte und angestellte Wissenschaftler*innen«, sagt Emma. Viele von ihnen hätten alles fallen gelassen und ihre laufenden Projekte ausgesetzt, um diese essenzielle Arbeit zu leisten. Jetzt sei es allerdings sehr wahrscheinlich, dass viele dieser Menschen am Ende ihrer Verträge angelangt seien und nicht wüssten, was für sie als Nächstes kommt. Ihre Arbeit an Corona könnte sich am Ende negativ auf sie und ihre Karriere auswirken. Bei der nächsten Pandemie, fürchtet Emma, könnten sich einige Wissenschaftler*innen deshalb zurückhalten und lieber weiter an ihren eigenen Projekten arbeiten.

Was also sollte sich ändern? Emma würde sich wünschen, dass Erfolg nicht mehr nur an der Anzahl der wissenschaftlichen Veröffentlichungen gemessen wird, sondern auch daran, wie viel man zur wissenschaftlichen Gemeinschaft beiträgt. Etwa durch das Teilen von Daten, die Teilnahme an großen Gemeinschaftsprojekten oder Wissenschaftskommunikation. Sie kritisiert außerdem, dass die Wissenschaft stark auf Drittmittel angewiesen ist, die oft nur kurzfristige Planbarkeit ermöglichen, aber viel Zeit für die Bewerbung erfordern. Mehr finanzielle Planbarkeit würde auch die Sicherheit der Forschenden erhöhen. Außerdem brauche es klarere Wege, um in der Wissenschaft zu bleiben, und mehr Stellen in mittleren Positionen. Die Gewerkschaft Erziehung und Wissenschaft (GEW) fordert eine Reform des WissZeitVG. In der GEW sind knapp 280 000 Menschen organisiert, die in Schulen, Kitas, Hochschulen und anderen pädagogischen Einrichtungen arbeiten. Die Gewerkschaft fordert, dass die Befristung von Postdocs begrenzt und die Mindestlaufzeiten von befristeten Verträgen ausgeweitet werden. Außerdem sollen Dauerstellen für Daueraufgaben eingeführt werden, die einen weiteren Karriereweg in der Wissenschaft neben der Professur ermöglichen.[301]

Denn so, wie Wissenschaft und viele andere berufliche Bereiche jetzt funktionieren – mit Befristungen und ohne Weiterentwicklungsmöglichkeiten –, wird eigentlich nur eine Botschaft an junge Menschen gesendet: Egal wie erfolgreich du bist, eigentlich wollen wir, dass du gehst. Egal, wie groß dein Beitrag ist, wir bieten dir keine Zukunft. Da soll noch mal jemand den Vorwurf in den Raum stellen, dass junge Menschen »einfach nicht arbeiten wollen«. Warum sollten sie auch, wenn sie in eine Arbeitswelt geworfen werden, die ihnen von Tag eins signalisiert, dass sie nicht gewollt und wertlos sind? Dass sie dankbar sein müssen, ihre Arbeitskraft für geringe Löhne abgeben zu dürfen? Dass viele von ihnen beschließen, nicht mehr alleine gegen diese Strukturen anzukämpfen, sondern sich zu organisieren, ist ein positives Zeichen. Es sagt: Wenn ihr euch nicht für uns interessiert, dann zwingen wir euch halt dazu, denn wir sind es, die euren Betrieb aufrechterhalten. Die Beschäftigten haben die Macht und können damit auch Einfluss auf die Arbeitsbedingungen nehmen. Sie können mitgestalten. Historisch wurden Veränderungen bei Arbeitsbedingungen – wie etwa die Verkürzung der Arbeitszeit – von Gewerkschaften erkämpft. Sie und andere Formen der Organisation erleben jetzt eine Renaissance, angetrieben von jungen Beschäftigten und unterstützt von Social Media. Sie können es schaffen, Arbeit für alle besser zu machen, eben weil sie sich nicht nur individuell dafür einsetzen, sondern gemeinsam.

WAS WÄRE, WENN WIR FÜR DAS KLIMA ARBEITEN WÜRDEN?

Weil wir so müde und ausgebrannt sind von der Arbeit, haben wir kaum Energie, um uns mit der größten Krise unserer Zeit zu beschäftigen: der Klimakrise. Wie wollen wir sie lösen, wenn wir die ganze Zeit nur arbeiten, arbeiten, arbeiten? Wir brauchen größere Veränderungen, die unsere ganze Art zu leben und zu wirtschaften neu denken – und dabei natürlich auch, wie wir arbeiten. Für diese Veränderungen haben wir nicht mehr viel Zeit: Wenn wir so weitermachen wie bisher, verfehlen wir nicht nur das 1,5-Grad-Ziel, das bei der UN-Klimakonferenz in Paris 2015 beschlossen wurde und sowieso schon ein Kompromiss war. Wir könnten die 1,5-Grad-Grenze sogar schon in den nächsten zehn Jahren überschreiten.

Bereits jetzt sind Extremwetter-Ereignisse wie Dürren, Hitzewellen, Starkregen und tropische Wirbelstürme nicht nur häufiger, sondern haben auch eine höhere Intensität und Dauer.[302] Die Folgen zeigen sich etwa in Pakistan, wo 2022 ein Drittel des Landes nach starken Monsunregen unter Wasser stand.[303] Oder in Somalia, wo Hunderttausenden Menschen der Hungertod droht.[304] Wir verlieren Pflanzen-, Insekten- und Tierarten.[305] Es gibt immer weniger Trinkwasser, auch in Deutschland.[306] Die Meere versauern. Wenn bestimmte Kipppunkte überschritten sind – etwa das Tauen der Permafrostböden –, kann das die Entwicklung noch weiter beschleunigen. Fachleute warnen, dass einige Kipppunkte sogar dann überschritten werden könnten, wenn das Pariser Abkommen eingehalten wird.[307]

Wenn wir verhindern wollen, dass sich das Klima noch weiter erwärmt, mit all seinen katastrophalen Folgen, müssen wir handeln: Die Treibhausgas-Emissionen müssen runter, fossile Energien müssen ersetzt werden. Wirtschaftsnationen wie Deutschland haben eine besonders große historische Verantwortung, weil sie seit der Industrialisierung hohe Emissionen verursacht haben – und auch weiterhin überdurchschnittlich viel Treibhausgase ausstoßen.[308]

Aktuell beruht unser Wirtschaftssystem darauf, dass alles immer mehr werden muss: mehr Produktivität, mehr Konsum, mehr Umsatz. Das kann nicht mehr lange so weitergehen. Wie erfolgreich ein Land wirtschaftet, wird derzeit über das Bruttoinlandsprodukt gemessen. Das beinhaltet aber nicht den Wert der natürlichen Ressourcen, die wir für Produkte und Dienstleistungen wirklich zahlen: Wie viel Wasser verbraucht, CO_2 ausgestoßen oder Wald abgeholzt wird. In Unternehmen wird Bezahlung von CEOs daran geknüpft, wie sehr sie den Gewinn für die Aktionär*innen vergrößert haben, aber nicht, wie nachhaltig sie gewirtschaftet haben. Diese Art zu Wirtschaften wird sich verändern müssen, darum kommen wir nicht herum. Wir müssen unsere Wirtschaft nach neuen Regeln umbauen.

Ein Konzept dafür ist beispielsweise die Donut-Ökonomie, die von der britischen Wirtschaftswissenschaftlerin Kate Raworth entwickelt wurde. Dabei wird die Wirtschaft wie ein Donut dargestellt: mit einem äußeren und einem inneren Ring. Der innere Ring stellt das gesellschaftliche Fundament des Wohlergehens dar. Wer darunter abstürzt, dem mangelt es etwa an Wasser, Nahrung, Bildung, Gesundheit, Einkommen und

Arbeit sowie Gleichstellung. Der äußere Ring stellt die ökologische Decke dar. Überschießen wir sie, sind etwa Klimawandel, der Verlust der Artenvielfalt, die Versauerung der Meere und Luftverschmutzung die Folge. Zwischen den beiden Ringen – quasi im Inneren des Donuts selbst – ist der Ort, an dem die Bedürfnisse aller Menschen auf dem Planeten erfüllt und nicht mehr als die verfügbaren Ressourcen verbraucht werden. Aktuell kommen wir auf beiden Seiten über die Grenzen: nach innen und nach außen. Das muss sich ändern, denn im Donut selbst, schreibt Raworth, »liegt ein sicherer und gerechter Raum für die Menschheit«.[309] Wirtschaft, Klima und soziale Gerechtigkeit werden hier zusammengedacht. In einigen Städten dient die Donut-Ökonomie bereits als strategischer Kompass. Amsterdam etwa will all seine Bewohner*innen in den Donut bringen und so sicherstellen, dass sie eine gute Lebensqualität haben, ohne zu viel Druck auf den Planeten auszuüben.[310] In Deutschland haben sich Krefeld und Bad Nauheim an einer Fallstudie beteiligt, wie die Donut-Ökonomie auf kommunaler Ebene für Transformation genutzt werden kann.[311]

Die großen, nötigen Veränderungen für eine neue Art zu wirtschaften, müssen natürlich von der Politik angestoßen werden. Raworth verweist aber auch auf die Eigenverantwortung von Menschen und Unternehmen: »Was wäre, wenn wir unser eigenes Leben nach dem Donut ausrichten und uns die Frage stellen würden: Wie beeinflusst die Art, wie ich einkaufe, esse, reise, meinen Lebensunterhalt verdiene, wähle, meine Bankgeschäfte erledige und mich generell verhalte die sozialen und planetaren Grenzen? Was wäre, wenn alle Unternehmen ihre Strategie an einem Donut-Tisch entwickeln und sich die Frage vorlegen würden: Ist unsere Marke eine Donut-Marke, die dazu beiträgt, die Menschheit in jenen sicheren und gerechten Raum zurückzubringen?«[312]

Wenn der Klimawandel weiter voranschreitet, bedroht er nicht nur unsere Lebensgrundlagen, sondern auch unsere Arbeit. Wie schwierig es ist, sich bei extremer Hitze zu konzentrieren, merke ich, als ich diese Seiten schreibe: Es ist brütend heiß, wir stecken mitten in einer der Hitzewellen im Sommer 2022. Ganz Europa glüht, sogar in London ist es mehr als 40 Grad heiß. Nicht nur in Europa ist es in diesem Sommer extrem heiß: China erlebt die schlimmste Hitzewelle seit Beginn der Wetteraufzeichnungen,[313] in Indien und Pakistan waren es schon im Mai mehr als 50 Grad.[314] Auch in den USA erreichten die Temperaturen die 50-Grad-Marke.[315]

In Bürojobs ist das unangenehm, aber in anderen Bereichen wird die Arbeit schnell zur Gefahr für Gesundheit und Leben: In einer Douglas-Filiale in München war die Klimaanlage ausgefallen, die Temperatur lag bei über 35 Grad, Beschäftigte berichteten von Kopfschmerzen. Eine Kollegin sei umgekippt, eine andere hätte sich wegen der Hitze übergeben müssen. Eine Beschwerde beim Gewerbeaufsichtsamt führte letztlich zur Schließung der Filiale.[316] Bei Zimmerleuten auf Dächern kann es schnell mal 50 Grad heiß werden – so heiß, dass der Gummi an den Schuhsohlen weich wird, während die Sonne auf Dach und Kopf knallt. Wer sich auf die Ziegel kniet, bekommt Brandblasen.[317] Die Krankenkassen vermerken eine höhere Zahl an hitzebedingten Krankheitstagen. In den vergangenen zehn Jahren haben sich die Arbeitsunfähigkeitstage wegen »Schäden durch Hitze und Sonnenlicht« mindestens verdoppelt. 2018, als der Sommer besonders heiß war, haben die gesetzlichen Krankenkassen mehr als 80 000 hitzebedingte Krankentage erfasst.[318]

Wenn die globale Temperatur bis 2100 um 1,5 Grad steigt

(was schon ein sehr optimistisches Szenario ist), könnten 2,2 Prozent aller weltweiten Arbeitsstunden im Jahr 2030 wegen Hitze verloren gehen.[319] Das entspricht dem Äquivalent von 80 Millionen Vollzeitjobs. Besonders betroffen sind dabei Länder mit niedrigem Einkommen und schlechten Arbeitsbedingungen in Regionen wie Südasien und Westafrika. Landwirtschaft und Baugewerbe werden besonders stark betroffen sein. Beide Branchen haben zudem viele Saisonarbeiter*innen, prekäre Arbeitsbedingungen und Menschen, die trotz Arbeit in Armut leben. Sie werden überproportional von der zunehmenden Hitze betroffen sein – und teils zur Migration gezwungen.

Auch Todesfälle werden zunehmen: Im Juni 2019 starb ein kroatischer Erntehelfer in Griesheim in Hessen. Er war auf dem Feld kollabiert, seine Körpertemperatur lag bei 42,2 Grad. In derselben Woche starb in Baden-Württemberg ein rumänischer Saisonarbeiter an Hitzeschock. Es sind zwei Fälle, die es als hitzebedingte tödliche Arbeitsunfälle in die Statistik geschafft haben. Sie sind die Ausnahmen.[320] Generell werden Hitzetote bisher statistisch kaum erfasst. Schließlich sterben die Menschen an Nierenversagen oder Herzstillstand. Dass die Hitze der Grund dafür ist, wird oft nicht vermerkt. Aber die Übersterblichkeit zeigt, dass die Zahl der Hitzetoten steigt: Im Juli 2022 sind zwölf Prozent mehr Menschen gestorben, als das aus dem Mittel der Jahre 2018 bis 2021 für diesen Monat zu erwarten gewesen wäre. In besonders heißen Wochen liegen die Werte noch deutlich höher.[321] Und nicht nur Hitze kann tödlich sein, sondern auch andere Faktoren, die durch den Klimawandel verstärkt werden, wie Luftverschmutzung.[322] Unser Arbeitsalltag wird sich an diese Veränderungen anpassen müssen: mehr Siesta, mehr Regelungen, die Arbeitskräfte bei zu massiver Hitze oder während Extremwetterereignissen schützen.

Die schiere Größe der Klimakrise kann schnell dazu führen, dass wir uns gelähmt fühlen und den Eindruck haben, sowieso nichts tun zu können. Klimaangst nennt man das. Aber das stimmt nicht. Wir können unseren Beitrag leisten – und Veränderungen einfordern. Auch durch die Art, wie wir Arbeit organisieren, können an vielen Punkten Veränderungen erreicht werden, wie durch reduzierte Arbeitszeit oder mehr Homeoffice. Schließlich ist Arbeit ein ganz zentraler Teil der Wirtschaft – und Wirtschaft ein ganz zentraler Teil dessen, was wir verändern müssen. »Es ist existenziell, was Unternehmen in den nächsten Jahren tun. Wir können es nicht einer kleinen Gruppe von Leuten überlassen, unser globales Schicksal zu entscheiden«, sagt Jamie Beck Alexander.[323] Sie ist die Direktorin von Drawdown Labs, einer Non-Profit-Organisation, die Klimalösungen für die Privatwirtschaft entwickelt. Sie sieht die Politik in der Pflicht, aber auch Unternehmen. Wie sich ein Unternehmen aktiv für den Klimaschutz einsetzen kann, zeigt Patagonia, der Hersteller von Outdoor-Kleidung. Die Gründungsfamilie um Yvon Chouinard hat alle Eigentumsrechte an zwei Stiftungen übertragen. Damit fließen alle künftigen Gewinne, die nicht ins Unternehmen reinvestiert werden, in Natur- und Artenschutz sowie den Kampf gegen die Klimakrise. 100 Millionen US-Dollar könnten das pro Jahr sein.[324]

Aber Veränderungen müssen nicht immer vom Kopf des Unternehmens kommen. Beck Alexander glaubt, dass jede einzelne Person einen Beitrag leisten kann. Denn am Ende gilt auch hier: Alle Beschäftigten müssen mitmachen – und gleichzeitig ihre Macht nutzen, um die Arbeitgeber*innen mitzuziehen. Christian Schilcher, Wirtschaftsexperte bei der Bertelsmann Stiftung, sieht das ähnlich: »Veränderungen in Unternehmen können nicht umgesetzt werden, ohne dass sie Konsequenzen für die

Arbeit der Beschäftigten haben«, sagt er. »Wenn wir davon ausgehen, dass die deutsche Wirtschaft am Anfang einer Transformation steht, dann ist zu erwarten, dass sich an den Arbeitsplätzen der Beschäftigten noch viel verändern wird.«[325]
Denn wir wissen, was wir tun müssen: Wir wissen, wie wir fossile Brennstoffe reduzieren und regenerative Energien ausbauen
können. Die Frage ist, wie wir diese Klimalösungen so schnell in
der Welt skalieren können, dass sie unseren *Business as usual*-An-
satz ersetzen. »Wir müssen Kapital in Richtung von Klimalösungen bewegen, und wir müssen die Strategie von Unternehmen
verändern, die die größten Ausschütter von globalen Treibhausgasen sind«, sagt Beck Alexander. »Ich habe gerade Hoffnung,
und zwar nicht, weil die Führungsriegen in Unternehmen sich
bewegen. Hier gibt es zwar drastische Kursänderungen, aber das
liegt daran, dass Mitarbeitende in den Unternehmen für Bewegungen sorgen.«

Beck Alexander glaubt, dass heute jeder Job ein Klimajob ist.
»Wir alle – alle Beschäftigten, Bürger, Menschen – können Verantwortung übernehmen, um den Lauf der Geschichte zu verändern, an unseren Arbeitsplätzen, in der Wirtschaft und der
restlichen Welt.« Bei manchen Menschen ist die Klimakom-
ponente ihrer Jobs ziemlich offensichtlich, etwa weil sie Solar-
panels installieren, Wärmepumpen einbauen oder regenerative Landwirtschaft betreiben. Mit der Klimawende entstehen
neue Berufsbilder, sogenannte *Green Jobs*, etwa in den Bereichen
erneuerbarer Energien, nachhaltigen Bauens oder Big Data.
Gleichzeitig fallen andere Stellen weg, etwa in Kohlekraftwer-
ken oder der Automobilbranche. Das wird wehtun, aber es ist
nicht das erste Mal, dass die Menschheit so einen Wandel mit-
macht. Wichtig ist, dass es Unterstützung gibt: dass Menschen
umgeschult und weitergebildet werden. Dass auch künftige Jobs
dazu führen, dass Menschen gut leben können. Aber was ist mit
denjenigen, die nicht in *Green Jobs* arbeiten? Auch sie können

einen Beitrag leisten. »Jeder Bereich der Wirtschaft muss sich verändern«, sagt Beck Alexander. »Deshalb spielen auch jeder Bereich in der Wirtschaft und jede Qualifikation eine Rolle.« Sie rät dazu, die Klimabrille da aufzusetzen, wo man gerade ist. Wie das konkret gehen kann, zeigt ein Beispiel von Amazon. Dort schloss sich 2017 eine Gruppe von Mitarbeitenden zusammen, um das Unternehmen zu mehr Klimaschutz zu bewegen.[326] Als *Amazon Employees for Climate Justice* schrieben sie einen offenen Brief an Amazons Gründer und damaligen CEO Jeff Bezos.[327] Bezos gehört zu den reichsten Menschen der Welt, Amazon zu den größten Unternehmen. Im Jahr 2021 machte es einen Umsatz von knapp 470 Milliarden US-Dollar.[328] In ihrem Brief forderten sie Amazon auf, einen Klimaplan vorzulegen und klar zu kommunizieren, wie das Unternehmen seinen Einfluss auf das Klima verringern will. Der Konzern solle beispielsweise bis 2030 seine Emissionen halbieren und bis 2050 auf null senken. Mehr als 8700 Mitarbeiter*innen unterschrieben den Brief. Die Art, wie in dem Brief argumentiert wird, ist interessant: nämlich mit dem Wunsch Amazons, innovativer Vorreiter der Branche zu sein und die Kundschaft zufriedenzustellen. »Unsere Kundenbesessenheit erfordert eine Klimabesessenheit« steht darin. Und: »In unserem Bestreben, das ›kundenorientierteste Unternehmen der Welt‹ zu werden, sind wir davon überzeugt, dass unsere Auswirkungen auf das Klima die Hauptrolle in allem spielen müssen, was wir tun.«

Die Forderungen wurden als formeller Vorschlag bei Amazons Hauptversammlung im Mai 2019 vorgetragen. Jeff Bezos stimmte dagegen. Der Vorstoß erhielt zwar 30 Prozent der Stimmen, aber fiel dennoch durch. Doch der Kampf fürs Klima ging intern weiter: Mehr als 1500 Mitarbeiter*innen nahmen am 20. September 2019 am globalen Klimastreik teil. Es war das erste Mal in der Geschichte von Amazon, dass Wissensarbeiter*innen des Konzerns die Arbeit niederlegten. Ihnen schlossen sich Beschäftigte anderer Technologieunternehmen an, von Google, Microsoft, Facebook, Twitter. Einen Tag vor dem Streik konnten die *Amazon Employees for Climate Justice* einen Erfolg vermelden: Jeff Bezos verkündete Amazons ersten unternehmensweiten *Climate Pledge*,[329] ein Klima-Versprechen: Bis 2040 will das Unternehmen CO_2-neutral werden. Außerdem soll regelmäßig offengelegt werden, wie viele Emissionen Amazon ausstößt. Von Klimagerechtigkeit steht allerdings nichts darin: Die Klimakrise trifft Schwarze und Indigene Communitys sowie andere People of Color am härtesten, vor allem im Globalen Süden. Ideen, wie in diesen Regionen bevorzugt die Umweltverschmutzung reduziert und die dortigen Gemeinschaften unterstützt werden könnten – eine Forderung der Mitarbeiter*innen – fehlt in Amazons Plan komplett.

Auch andere Tech-Konzerne haben in den vergangenen Jahren Klimapläne veröffentlicht: Google will bis 2030 vollständig mit emissionsfreier Energie arbeiten und 120 Prozent des Wasserverbrauchs bis 2030 wieder ausgleichen.[330] Microsoft will bis 2030 CO_2-negativ werden, also mehr CO_2 aus der Atmosphäre entfernen als produzieren – und bis 2050 all das CO_2 aus der Atmosphäre entfernen, das es seit Unternehmensgründung ausgestoßen hat.[331] Der Druck aus dem Unternehmen heraus, er kann messbare Effekte haben. »Du weißt nie, welchen Einfluss du haben wirst und welche Wellen das schlagen wird, nicht nur in deinem eigenen Unternehmen, sondern auch in anderen«, sagt Emily Cunningham, eine der Mitbegründerinnen der *Amazon Employees for Climate Justice*. »Ich möchte betonen, dass wir nur ganz normale Leute sind. Wir haben mit fünf Leuten in einem Wohnzimmer angefangen.«[332] Klingt nach Happy End, oder? Zu früh gefreut. Denn am Ende wurden Cunningham und eine weitere Amazon-Mitarbeiterin, die sich für den Klimaschutz engagiert hatte, gefeuert. Letztlich haben sie ihren Einsatz für Gerechtigkeit und Klimaschutz mit ihren Jobs bezahlt.

Auch andere Menschen verlassen ihre Jobs aus Klimagründen – aber nicht, weil sie dazu gezwungen werden. Die *Great Resignation* hat einen weiteren Aspekt bekommen: die Klimakrise. Die Zahl der medienwirksamen Kündigungen steigt. Oft hochrangige Mitarbeiter*innen verlassen Firmen, die sich nicht genug fürs Klima einsetzen. Dar-Lon Chang arbeitete 16 Jahre lang als Ingenieur bei ExxonMobile. Er hatte lange daran geglaubt, dass das Unternehmen eine Vorreiterrolle einnehmen und dabei helfen könnte, fossile Energieträger zu reduzieren. Als er merkte, dass das nicht passierte, kündigte er. »Ich wollte nicht den Rest meiner Karriere mit etwas verschwenden, von dem ich das Gefühl hatte, dass es die Welt schlechter macht, wenn es die Möglichkeit gab, Dinge besser zu machen«, sagte er.[333] Bei Royal Dutch Shell gingen mehrere hochrangige Führungskräfte, weil der Ölkonzern nicht schnell genug auf emissionsfreie Energieformen umschwenken wollte.[334] Robbie Bilsland, der fünf Jahre lang in Europa und dem Mittleren Osten auf Bohrinseln arbeitete, kündigte, weil er diese Arbeit nicht länger mit seinem Gewissen vereinbaren konnte.[335] Auch andere Branchen verlieren Leute, weil sie sich nicht schnell genug wandeln. Eugene Kirpichov, der bei Google im Bereich Big Data und Machine Learning gearbeitet hatte, schrieb seinen Kolleg*innen zum Abschied in einer Mail: »Ich gehe, weil das Ausmaß, die Dringlichkeit und die Tragödie des Klimawandels so riesig sind, dass ich es vor mir selbst nicht länger rechtfertigen kann, bis er gelöst ist, an etwas anderem zu arbeiten – egal wie interessant oder lukrativ. Ich würde lügen, wenn ich nicht sagen würde, dass andere, die das Privileg haben, es zu tun, mir folgen sollten.«[336]

Klimaschutz wird zum Wettbewerbsvorteil – und mangelndes Engagement ruft die Mitarbeiter*innen auf den Plan. Wenn sich die Menschen in den Unternehmen ihrer Macht bewusst sind, jetzt etwas verändern zu können, steigt der Druck auf Unternehmen oder sogar ganze Branchen, schnell mitzuziehen. Dies trifft besonders zu, wenn Kündigungen nicht nur öffentlichkeitswirksam sind, sondern auch von prominenten Personen ausgesprochen werden. So wie Sebastian Vettel. Der Formel-Eins-Weltmeister verkündete im Juli 2022, dass er zum Ende der Saison seine Karriere beenden werde. Er liebe diesen Sport, sagte er in einem Instagram-Video, mit dem er sein Karriereende bekannt gab, aber er wolle mehr Zeit mit seiner Familie verbringen, seine Kinder aufwachsen sehen. Auch die Klimakrise scheint seine Entscheidung mit beeinflusst zu haben:»Wir leben in einer sich stark verändernden Welt«, sagt Vettel.»Wie wir alle die nächsten Jahre gestalten, wird unser zukünftiges Leben bestimmen. Formel-Eins-Fahrer zu sein, bringt Dinge mit sich, die mir nicht mehr gefallen. Vielleicht werden diese irgendwann gelöst. Aber der Wille, diese Veränderung umzusetzen, muss viel stärker werden und schon heute zum Handeln führen. Reden reicht nicht mehr aus und wir können es uns nicht leisten zu warten.« [337] In einem Interview mit der *Zeit* sagte Vettel:»Ich begann irgendwann mich dafür zu schämen, mit meiner Arbeit dazu beizutragen, die Umwelt zu belasten. Und es zumindest nicht aufhalten zu können.« [338]

Natürlich reichen individuelle Lösungen nicht. Die Klimakrise ist das beste Beispiel dafür, dass echte Veränderung systemisch sein muss, von der Politik angestoßen und von allen mit getragen. Das bedeutet allerdings nicht, dass Veränderung nicht auch von innen heraus entstehen kann: Aus Unternehmen oder Branchen, durch Mitarbeiter*innen, die mehr einfordern. Wie auch bei der Frage um bessere Arbeitsbedingungen zeigt sich: Wer sich organisiert, hat die Möglichkeit, den Wandel mitzugestalten und Dinge zum Besseren zu verändern.

WAS WÄRE, WENN WIR UNS NICHT MAL FÜR DEN TRAUMJOB KAPUTTARBEITEN?

Die Suche nach einem größeren Sinn, der Menschen antreibt, die sich für mehr Klimaschutz in ihren Unternehmen engagieren oder sogar wegen der Klimakrise kündigen – sie treibt eine ganze Generation an. *Purpose* ist zum neuen Schlagwort der Unternehmenskommunikation geworden. Es geht nicht nur darum, was ein Unternehmen produziert oder welche Aufgaben Teil des Jobs sind. Es geht um etwas Größeres: um Werte, um Sinnhaftigkeit, um das Gefühl, etwas beizutragen. Was treibt mich an, was will ich verändern – und kann dieser Job mir dabei helfen? Oder anders gesagt: Warum mache ich das alles eigentlich?

Die Fridays-For-Future-Generation weiß, dass wir schon mitten in der Klimakatastrophe sind und jetzt etwas ändern müssen – auch in der Arbeitswelt. Sie glauben an Diversität und Inklusion und fordern sie von den Unternehmen ein. Sie wollen nicht mehr nur um der Arbeit willen arbeiten, sondern mit ihrer Arbeit etwas erreichen, das über sie selbst hinausgeht. Fast zwei von fünf jungen Menschen – Gen Z und Millennials – haben schon mal einen Job oder ein Projekt aus persönlichen ethischen Gründen nicht angenommen. Sie wünschen sich von ihren Unternehmen mehr gesellschaftlichen Einfluss, ein diverseres und inklusiveres Umfeld und mehr Einsatz für Nachhaltigkeit.[339] Wer künftig nicht ernsthaft auf diese Dinge achtet, wird es schwer haben, gute Leute zu finden. Und ohne gute Leute ist bald auch nicht mehr viel vom Unternehmen übrig.

UN-Generalsekretär António Guterres rief in einer Rede Hochschulabsolvent*innen sogar dazu auf, in ihren Karrieren bewusste Entscheidungen zu treffen: »Ihr müsst die Generation sein, der es gelingt, den planetaren Notfall des Klimawandels anzugehen«, sagte er. »Euer Talent ist gefragt in multinationalen Unternehmen und großen Finanzinstitutionen. Ihr werdet viele Möglichkeiten haben, aus denen ihr auswählen könnt. Meine Botschaft an euch ist einfach: Arbeitet nicht für Klimazerstörer*innen. Nutzt eure Talente, um uns hin zu einer erneuerbaren Zukunft zu lenken.«[340]

Neben dem Trend nach mehr *Purpose* sehen wir ein zweites P, das vor allem junge Menschen bei der Berufswahl umtreibt: *Passion*. Folge deinem Traum! Wenn du deinen Job wirklich liebst, wirst du keinen Tag deines Lebens arbeiten! Du musst tun, was dich glücklich macht! Oder, wie Apple-Gründer Steve Jobs in seiner berühmten Rede vor Absolvent*innen an der Stanford University 2005 sagte: »Ihr müsst etwas finden, das ihr liebt. Eure Arbeit wird einen großen Teil eures Lebens füllen und der einzige Weg, wirklich zufrieden zu sein, ist zu wissen, dass man großartige Arbeit leistet. Und der einzige Weg, um großartige Arbeit zu leisten, ist zu lieben, was man tut. Wenn ihr das noch nicht gefunden habt, sucht weiter. Begnügt euch nicht mit weniger. Wie bei allen Angelegenheiten des Herzens werdet ihr es erkennen, wenn ihr es gefunden habt.«[341]

Aber stimmt all dieses Gerede von Leidenschaft und Liebe im Kontext mit Arbeit? Werden wir wirklich unglücklich, wenn wir ohne Leidenschaft arbeiten? Dass wir überhaupt über

Leidenschaft im Kontext mit Arbeit sprechen, ist noch relativ neu, wie die Soziologin Erin Cech in ihrem Buch *The Trouble with Passion* schreibt.[342] Noch im späten 19. Jahrhundert und nach dem Zweiten Weltkrieg waren Stabilität und wirtschaftliche Sicherheit die bedeutendsten Faktoren für die Berufswahl. Idealerweise behielt man seinen Job lange, verdiente gut und bekam danach eine gute Rente. Erst in den 1970er-Jahren änderte sich dieser Anspruch langsam – und scheint sich heute zumindest für gewisse privilegierte Gruppen vollkommen geändert zu haben.

Für Millennials und Gen Z ist Leidenschaft im Beruf ein riesiges Thema. Und Leidenschaft hängt ganz eng mit Sinn zusammen.[343] Unsere Leidenschaften, so Cech, seien Teil unseres Selbstverständnisses, das nicht einfach zufällig entsteht, sondern von unseren sozialen Positionen, Erfahrungen und unserem Umfeld geprägt ist. Wer Leidenschaft für die eigene Arbeit empfindet, findet sie intellektuell interessant oder faszinierend, empfindet Begeisterung, Freude oder Glück, und spürt eine persönliche Verbindung – findet also, dass der Job gut zur eigenen Persönlichkeit passt.

Für ihr Buch hat Cech Interviews mit Berufseinsteiger*innen mit und ohne Hochschulabschluss geführt. Für knapp die Hälfte der befragten Hochschulabsolvent*innen war Leidenschaft und Interesse an der Arbeit der wichtigste Faktor, wenn sie sich für einen neuen Job entscheiden müssten. Nur 20 Prozent nannten das Gehalt als entscheidenden Faktor. Bei denjenigen, die keinen Hochschulabschluss haben, trumpft finanzielle Sicherheit hingegen Leidenschaft. Sie können es sich weniger leisten, sich auf ihrer Leidenschaft auszuruhen. Auch wer marginalisiert ist, muss oft Leidenschaft hintanstellen. Das gilt erst recht außerhalb der reichen Industrienationen: Wer in Bangladesch unter den schlimmsten Bedingungen Billigkleidung zusammennäht, kann gar nicht erst anfangen, über mögliche berufliche

Leidenschaft nachzudenken. Das gilt auch für alle, die in zwei oder drei Jobs arbeiten, um überhaupt über die Runden zu kommen. Was nicht heißt, dass nicht auch in diesen Jobs von Sinnhaftigkeit und Leidenschaft gesprochen werden kann. Gorillas schreibt im Manifest für seine Fahrer*innen: »Wir sind Fahrradfahrer mit Leib und Seele – die Liebe zum Fahrrad ist eine Bedingung in unserem gesamten Unternehmen.«[344] In einer Anzeige für Tellerwäscher*innen am Flughafen las ich kürzlich die folgende Beschreibung: »You attach great importance to clean dishes, then you have come to the right place.« Oder übersetzt: »Wenn Sie großen Wert auf sauberes Geschirr legen, dann sind Sie bei uns genau richtig.«

Im Prinzip steht beides – Leidenschaft und Sinn – für dasselbe Problem, wenn sie im Kontext von Arbeit auftauchen. Denn wer sich beruflich aufopfert, entweder für den guten Zweck oder aus Liebe zum Job, nimmt eher schlechte Arbeitsbedingungen, niedrige Bezahlung oder überlange Arbeit hin. *Purpose* und *Passion* sind dann nichts anderes als eine Falle, die uns ins Burnout locken – und uns dabei einreden, dass wir glücklich und dankbar dafür sein sollen.

WER LEIDENSCHAFTLICH ARBEITET, LEIDET OFT

Leidenschaft und Aufopferungswillen sind es auch oft, die bei Pflegekräften oder Menschen in Erziehungsberufen dazu führen, dass sie sich kaputtarbeiten: »Was sollen die Patient*innen denn ohne dich tun?« – »Wenn du nicht da bist, gibt es niemanden, der sich um die Kinder kümmert.« – »Die alten Leute würden dich so vermissen.« Oft ist es genau diese Rede von Sinnhaftigkeit, die von Arbeitgeber*innen als Argument vorgebracht wird, um Überstunden einzufordern oder Pausen zu verkürzen – was sich mit der Zeit negativ auf Gesundheit und Wohlbefinden auswirkt. Wer leidenschaftlich arbeitet, nimmt eher befristete oder unterbezahlte Stellen an. Arbeitgeber*innen, schreibt Cech, würden »die Leidenschaft ihrer Angestellten im Namen des Unternehmensgewinns« ausnutzen.

Dass Leidenschaft und Sinnhaftigkeit alleine nicht reichen, um in einem Job wirklich glücklich zu werden, zeigt auch der Fall von Belinda. Sie ist Mitte zwanzig und hat sieben Jahre lang Medizin studiert – das war schon zu Schulzeiten ihr Traum. Sie wollte plastische Chirurgin werden und einen Teil ihrer Zeit Brandopfer im Ausland versorgen, in Namibia oder Ecuador, wo sie auch schon ein paar Wochen gearbeitet hat. Heute ist sie approbierte Ärztin, hat aber nach ihrem Studium erst mal eine Pause von der Medizin gebraucht.

Ihr praktisches Jahr hat Belinda in einem großen Universitätskrankenhaus im Osten Deutschlands gemacht. Hier wurde sie desillusioniert. »Ich habe da gearbeitet und mir gedacht: Ich will das auf gar keinen Fall machen«, sagt sie. »Du bist den ganzen Tag da und für alles Mögliche zuständig. Niemand hat sich so richtig Zeit genommen für die Lehre, weil alle super gestresst sind und unfassbar viel zu tun haben.« Die Tage waren lang, teilweise stand sie sieben Stunden ohne Pause im OP – ohne auf die Toilette zu gehen, ohne etwas zu trinken.

Pro Monat bekam sie 400 Euro, ein Gehalt, von dem sie nicht leben konnte. Parallel arbeiten gehen, wie während ihrer Zeit an der Uni, war nicht möglich. Als sie abends nach Hause kam, war sie kaputt, fertig vom Tag und »oft unglaublich frustriert«, erzählt sie. »Ich habe nicht mal mehr Lust gehabt, mit meinem Freund darüber zu reden, wie mein Tag war. Ich wollte mich einfach nur auf die Couch legen.« Sie war ständig gereizt, ihre Beziehung hat darunter gelitten, ihr persönliches Wohlbefinden auch.

Natürlich gab es auch gute Tage, an denen sie neue Dinge gelernt hat, etwas ausprobieren durfte, Spaß hatte. »Aber das waren leider viel viel weniger als die, bei denen ich nach Hause gekommen bin und frustriert war, weil ich mir nicht eingestehen wollte, dass es nicht das ist, was ich mein Leben lang machen möchte.« Die Gründe, warum sie heute nicht mehr im Krankenhaus ist und nach ihrer Zeit dort erst mal für ein Start-up gearbeitet hat, sind zahlreich: die starren Hierarchien. Der Personalmangel. Das schlechte Klima zwischen Ärzt*innen und Pflegepersonal. Die Wochenenddienste, die Arbeit an Feiertagen, die extremen Überstunden. Dass Führungspositionen nicht nach Führungsqualitäten besetzt werden, sondern nach Beziehungen und der Höhe der eingebrachten Forschungsgelder. »Ich habe das Gefühl, der Medizinsektor ist der einzige, der noch nicht verstanden hat, wie wichtig Mitarbeiterzufriedenheit ist und wie viel besser die Arbeit dadurch wird«, sagt sie.

Die absurdeste Sache, über die ich bei der Recherche zur Arbeit in der Medizin stolpere, sind 24-Stunden-Dienste, die zu Minusstunden führen. Ja, richtig gelesen. Stellt euch vor, Belinda fängt morgens um acht Uhr an zu arbeiten und bleibt bis zum nächsten Tag um acht Uhr morgens im Krankenhaus. Die ersten acht Stunden sind ihr regulärer Arbeitstag. Danach hat sie 16 Stunden lang »nur« Bereitschaft. Theoretisch bedeutet das, dass sie schlafen könnte und nur gerufen wird, wenn sie gebraucht wird. Realistisch ist das aber nicht. Mit Glück reicht es für ein paar Stunden Schlaf, die restliche Zeit wird normal gearbeitet. Am nächsten Morgen geht Belinda nach Hause. Den restlichen Tag hat sie frei, denn rein rechtlich gesehen muss sie nach 24 Stunden Dienst eine ununterbrochene Ruhezeit von mindestens elf Stunden haben. Blöd nur, dass dieser freie Tag (an dem sie noch morgens im Krankenhaus war) ihr acht Minusstunden einbringt – schließlich arbeitet sie an diesem Tag ja offiziell nicht. Ja, richtig gelesen: Für 24-Stunden-Dienste wird man quasi bestraft.

Laut einer Mitgliederbefragung des Marburger Bundes hatten 2019 drei Viertel der befragten Ärzt*innen das Gefühl, dass die

Arbeitszeitgestaltung ihre Gesundheit beeinträchtige. Knapp die Hälfte fühlte sich häufig überlastet, etwa 20 Prozent dachten über einen Berufswechsel nach. Mehr als ein Drittel verbrachte mindestens vier Stunden pro Tag mit Verwaltungsaufgaben. 2013 sagten dies nur acht Prozent.[345] Mediziner*innen haben zudem eine erhöhte Suizidrate im Vergleich zur sonstigen Bevölkerung: Bei Ärzten ist sie um 26 Prozent erhöht, bei Ärztinnen um 146 Prozent.[346]

»Du kannst nicht einfach 80 Stunden pro Woche arbeiten. Das macht niemand auf Dauer mit«, sagt Belinda. Es brauche stattdessen verschiedene Arbeitszeitmodelle, geregelte Arbeitszeiten mit Arbeitszeiterfassung und Freizeitausgleich. Die Vereinbarkeit von Familie und Karriere sei ebenfalls kaum möglich: »Im Krankenhaus hat niemand Verständnis dafür, dass dein Kind vielleicht mal krank ist.« Dabei bräuchte es gerade in medizinischen Berufen doch so dringend Zeit für Erholung. »Man hat so einen wichtigen Job mit so viel Verantwortung. Man muss klar im Kopf sein«, sagt Belinda. »Es funktioniert nicht, so hohen Druck aufzubauen und so viel Arbeit auf so wenig Ärzte zu verteilen. Das führt nur zu Fehlern.«

Ich frage Belinda, was sie gebraucht hätte, um im Krankenhaus zu bleiben. »Es muss einfach viel mehr Ärzte geben«, sagt sie. Schon die Anzahl der Studienplätze sei zu niedrig. Überall wird gespart: Es gibt zu wenig Pflegekräfte, bei Ärzt*innen ist die Zahl an Patient*innen pro Kopf angestiegen. Das hat auch mit der Privatisierung von Krankenhäusern und der Fallpauschale zu tun, um die es bereits beim Blick auf die Pflege ging. »Du kannst nicht die Zahl an Patienten hochschrauben, die Zahl der Ärzte einfach gleich lassen, die Pflege reduzieren und erwarten, dass es trotzdem funktioniert. Das geht einfach auf Dauer nicht«, sagt Belinda. Für sich hat sie jetzt eine Lösung gefunden – zumindest mittelfristig: Sie ist Assistenzärztin in einer Praxis und arbeitet in Teilzeit. Der Job macht Spaß und mit drei

Tagen Arbeit pro Woche hat sie trotzdem noch genug Freizeit. »Ich bin motivierter als im Krankenhaus, und dann ist es auch nicht so schlimm, wenn ein Tag mal länger oder anstrengender ist«, sagt sie mir. Leider wird sie so nicht ihre gesamte Zeit als Assistenzärztin verbringen können. »Eine gewisse Zeit werde ich nicht darum herumkommen, in der Klinik zu arbeiten, weil einige Teile der Ausbildung nur dort möglich sind.« Bis es so weit ist, sucht Belinda nach weiteren Möglichkeiten, die Arbeit besser mit ihrem Leben in Einklang zu bringen. Schließlich ist es immer noch ihr Traum, als Ärztin zu arbeiten. Aber sie ist einfach nicht bereit, dafür so viel aufzugeben. Denn kein Traumjob sollte dazu führen, dass man sich für ihn kaputtarbeitet und unglücklich wird – nur weil er sinnstiftend ist.

LEIDENSCHAFT UND SINN SIND EINE FALLE

Am Ende sind Leidenschaft und Sinn doch wieder nur individuelle Aspekte, die vorgeschoben werden, um mehr Arbeit von Angestellten einzufordern. Wer *Purpose* und *Passion* vorschiebt, muss keine strukturellen Probleme lösen. Wäre Belinda nur mit mehr Leidenschaft bei der Sache gewesen – so das krude Argument – dann wäre sie auch trotz der schlechten Arbeitsbedingungen in der Klinik geblieben. Welcher Job gibt dir schon mehr Gefühl von Sinn als Medizin?

Natürlich ist es schön, wenn der eigene Job Spaß macht. Klar wollen wir Sinn in der Arbeit sehen, die wir machen. Künftig werden Unternehmen die Nase vorne haben, die ihren Angestellten echte Werte bieten können. Das bedeutet, dass es ein Leitbild gibt, an dem sich das eigene Handeln orientiert – und dass dabei Werte wie Nachhaltigkeit, Diversität, Inklusion und gesellschaftliches Engagement im Mittelpunkt stehen. Immer nur mehr produzieren für mehr Profite der Unternehmensspitze wird kaum als sinnvoll gesehen. Wer keine Antwort darauf hat, warum das Unternehmen tut, was es tut, wird es schwer haben. Außerdem werden sich Mitarbeitende zunehmend zusammentun, um bessere Arbeitsbedingungen und mehr Klimaschutz von Unternehmen einzufordern. Diese Art von *Purpose* ist aber eine andere, als das, wofür Arbeitgeber*innen werben, die nur wollen, dass man sich kaputtarbeitet – zu schlechten Bedingungen und für zu wenig Geld. Wer wirklich sinnhaft arbeiten will, muss auch gut arbeiten.

Wir wurden darauf getrimmt, die Arbeit so stark in den Mittelpunkt unseres Lebens zu rücken, dass wir alleine deshalb das Gefühl haben, mit Leidenschaft und Sinn dabei sein zu müssen. Denn wenn das nicht der Fall ist, was machen wir überhaupt mit unserer Zeit? Warum arbeiten wir überhaupt? Dabei muss nicht der gesamte Sinn des Lebens aus der Erwerbsarbeit gezogen werden. Das Ehrenamt, mit dem ich meine Freizeit verbringe? Zeit mit meiner Familie und meinen Freund*innen? Ein Umweltprojekt? Die kreative Idee, die ich zur Realität mache? All diese Dinge (und noch viele mehr) können Sinn stiften – auch wenn sie nichts mit Arbeit zu tun haben. Und nein, man muss auch nicht jedes Hobby monetarisieren, um sich ständig produktiv zu fühlen.

Sarah Jaffe schreibt im Abschlusskapitel ihres Buches *Work Won't Love You Back*:[347] »Arbeit hat uns weder Befreiung noch Freiheit oder gar Freude gebracht.« Ich stimme ihr zu: Wenn Arbeit für uns nicht mehr funktioniert, können Leidenschaft und Sinn das wirklich lösen? Sollten wir uns für das kaputtmachen, was uns wichtig ist – während Unternehmen von unserer Sinnsuche profitieren? Oder sollten wir uns nicht lieber dafür einsetzen, für alle gute Arbeit einzufordern, die uns nicht kaputtmacht? Die gut bezahlt ist, gute Arbeitsbedingungen bietet und vor allem ein gutes Leben möglich macht, das sich nicht immer nur um den Job dreht? Sich für den Traumjob kaputtzuarbeiten ist am Ende nämlich genauso schlimm, wie sich für jeden anderen Job kaputtzuarbeiten. Wenn wir sinnvoller arbeiten wollen, können wir unseren Sinn stattdessen genau daraus schöpfen: Indem wir gemeinsam eine bessere Arbeitswelt schaffen, von der wir alle profitieren.

WIE WIR DEM KOLLEKTIVEN BURNOUT ENTFLIEHEN UND ENDLICH BESSER ARBEITEN

Wie werden wir im Jahr 2050 arbeiten? Wenn es schlecht läuft, ist unsere Zukunft geprägt von Turbulenzen, von Zukunftsangst, Entfremdung und mehr sozialer Spaltung. Vom Klimawandel, der Dürre, Hunger und Konflikte mit sich bringt. Von neuen Technologien, die Unternehmen und Arbeitsplätze zerstören, ohne dass es Ideen gibt, wie sie zu unserem Vorteil genutzt werden können. Geprägt ist dieses Szenario von politischer Lagerbildung und Entscheidungen, die aufgeschoben werden, bis es zu spät ist. Viele Menschen sind deshalb arbeitslos oder in der Schattenwirtschaft tätig – und sicherlich weiterhin genauso überarbeitet wie bereits heute. Wir dachten, dass Arbeit jetzt kaputt ist? In diesem Szenario sieht es 2050 noch viel, viel schlimmer aus. Dieses Szenario habe ich mir übrigens nicht selbst ausgedacht, sondern es wurde von Hunderten internationalen Expert*innen erarbeitet und von der Bertelsmann Stiftung veröffentlicht.[348]

Aber es kann 2050 auch ganz anders aussehen. Wenn es gut läuft, so das andere Szenario, leben wir in einer Zukunft, in der die Menschen viel darüber nachdenken und diskutieren, wie wir leben wollen. Wir sind in der Utopie von Keynes angekommen: Menschen müssen nicht mehr arbeiten, um Geld

zu verdienen. Die Wirtschaft wandelt sich zu einer Selbstaktu-
alisierungs-Ökonomie: Die Leute entscheiden, womit sie ihre
Zeit verbringen wollen, viele arbeiten selbstständig. Es gibt ein
bedingungsloses Grundeinkommen, finanziert durch die Be-
steuerung von Finanztransaktionen, Umweltbelastungen und
Robotern. Die Lebenshaltungskosten sind durch neue Technologien gesunken. Die Wirtschaft wurde nachhaltig umgebaut
und deckt die Grundbedürfnisse der Menschen. Wir haben die
Kurve gekriegt.

Wenn wir 2050 im positiven Szenario landen, haben wir das
Problem Erwerbsarbeit gelöst – und damit hoffentlich auch

viele der Probleme, die heute mit Arbeit zusammenhängen: die
Überarbeitung, die niedrigen Löhne, die Ungerechtigkeit. Wir
haben das Problem der Verteilung von Geld und Chancen in
den Griff bekommen und nutzen Technologie dafür, uns mehr
freie Zeit zu verschaffen statt uns immer enger an die Arbeit zu
binden. Arbeit wird zwar immer noch Teil unseres Lebens sein –
vor allem für diejenigen, die Lust darauf haben – aber nicht
mehr im Mittelpunkt stehen. Ein gutes Leben ist dann auch
ohne Job möglich: Weil die richtigen politischen, wirtschaftli-
chen und gesellschaftlichen Entscheidungen getroffen wurden.
Wir können dann selbst entscheiden, wie wir unsere Zeit verbringen wollen und uns auf das konzentrieren, was uns wirklich wichtig ist. In welchem dieser beiden Szenarien wir landen,
entscheidet sich allerdings nicht erst im Jahr 2050. Die Wei-
chen für unsere Zukunft werden jetzt gestellt: durch politisches
Handeln, das nicht versucht, die Vergangenheit aufrechtzuer-
halten, sondern sich strategisch auf die Zukunft einstellt. Durch
wirtschaftliches Handeln, das nicht immer nur nach mehr Profit strebt, sondern Nachhaltigkeit, das Erhalten unserer Lebensgrundlagen und Gerechtigkeit in den Mittelpunkt rückt.

Und durch uns: weil wir anders über Arbeit nachdenken. Weil
wir sie nicht mehr zum Zentrum unseres Lebens machen. Der

Traum vom Aufstieg durch Arbeit ist sowieso dahin, warum sich also für den Job aufopfern? Ich wünschte, ich könnte euch den Trick verraten, mit dem wir unser kollektives Burnout sofort loswerden und ab morgen schon in der Arbeitsidylle der Zukunft leben. Aber den habe ich auch nicht. Eins kann ich euch aber sagen: Es liegt nicht an euch! Wir sind nicht selbst an unserer Erschöpfung schuld, sondern werden in sie hineingedrängt. Deshalb müssen wir zurückdrängen. Wenn ihr müde und überarbeitet seid, dann ist das ein systemisches Problem. Ihr seid damit nicht alleine. Wir sind damit nicht alleine! Es ist total normal, deshalb keine Lust mehr auf Arbeit zu haben – weil das Konzept Arbeit kaputt ist. Deshalb brauchen wir Lösungen, die über individuelle Schritte hinausgehen. Wir müssen dafür kämpfen, dass unsere Rechte endlich wieder respektiert werden. Für viele dieser Veränderungen braucht es in erster Linie politische und wirtschaftliche Rahmenbedingungen. Aber diese können wir einfordern. Denn am Ende stehen hinter diesen schwammigen Begriffen – Politik, Wirtschaft, Arbeit, Gesellschaft – ja genau wir.

Corona hat stressige Jobs noch stressiger gemacht und die Ungleichheit verstärkt. Wir versuchen, irgendwie zwischen unserem Leben und der Arbeit zu balancieren und landen am Ende auf der Nase. Das liegt auch daran, dass die Arbeitswelt nicht erst seit 2020 kaputt ist. Unternehmen haben sich in den letzten Jahrzehnten kleingespart: so wenig Personal, feste Verträge und Investitionen wie möglich, für maximale CEO-Gehälter und Dividenden. Die Politik hat das jahrzehntelang unterstützt und in vielen Bereichen der öffentlichen Infrastruktur genauso agiert: Hauptsache, viele Leute haben Jobs, egal welche. Dabei sind nicht nur die Menschen auf der Strecke geblieben, sondern auch das Klima. Die Unternehmen konnten es sich leisten, so zu handeln, denn die Nachfrage nach Arbeit war größer als das Angebot. Doch das verändert sich: Der Fachkräftemangel spitzt sich zu, die Klimakrise auch. Die Machtverhältnisse drehen sich um, und das müssen wir nutzen.

Ich weiß, wir sind alle müde und niemand hat mehr Lust, sich noch eine Sache mehr aufzuladen. Aber Arbeit muss nicht so sein, wie sie heute ist. Sie muss uns nicht kaputtmachen. Also lasst uns verändern, wie wir arbeiten. An welchen Stellen wir ansetzen können, das zeigen die vergangenen Kapitel. Ich möchte hier nur noch zwei besonders wichtige Aspekte hervorheben: Geld und Zeit. Bevor wir das wirtschaftliche Problem – die Verteilung von Geld – nicht gelöst haben, können wir auch das Problem von Arbeit nicht lösen. Menschen müssen genug Geld verdienen, um nicht gerade so über die Runden zu kommen, sondern gut und in Würde leben zu können, ohne Angst vor der Zukunft. Bessere Bezahlung wird auch dazu beitragen, den Fachkräftemangel in vielen Branchen zumindest kurzfristig zu lindern: Denn oft sind es genau die Jobs, die schlecht bezahlt sind, in denen niemand mehr arbeiten will. Das ist kein Problem, sondern eine gute und logische Entwicklung. Gleichzeitig müssen wir nach vorne schauen und überlegen, wie wir sicherstellen können, dass sich die finanzielle Ungleichheit in der Gesellschaft nicht noch weiter verstärkt – vor allem, wenn es künftig weniger Arbeit gibt. Eine Absicherung von allen – etwa durch ein Grundeinkommen – wird langfristig die einzig mögliche Lösung sein.

Außerdem müssen wir dieser Kultur der Überarbeitung ein Ende setzen. Hustle-Kultur wird uns nicht retten! Es kann nicht sein, dass es als »cool« oder »produktiv« angesehen wird, ständig die eigenen Grenzen zu überschreiten – nur um noch bloß keine Deadline zu reißen. Statt immer mehr zu arbeiten, müssen wir die Arbeitszeit kollektiv reduzieren. In den kommenden Monaten und Jahren werden wir weltweit noch mehr Pilotprogramme sehen, die beweisen, dass uns kürzere Arbeitszeiten glücklicher, gesünder und in einigen Berufen sogar produktiver machen können. Historisch haben Gewerkschaften kürzere Arbeitszeiten erkämpft, sie werden auch jetzt wieder eine wichtige Rolle spielen – wie wir in Island gesehen haben. Am Ende dieses Kampfes steht der Abschied von der 40-Stunden-Woche. Wir müssen uns für Arbeitszeiten einsetzen, die ein gutes Leben neben der Arbeit wieder möglich machen. Vom finanziellen Wohlstand müssen wir hin zum Zeitwohlstand, in dem wir uns die Zeit nehmen, gut zu leben und Dinge zu tun, die uns erfüllen und die nicht mit Arbeit zusammenhängen. Außerdem sollten wir es mehr Menschen ermöglichen, auch mal eine Auszeit von Arbeit nehmen zu können – etwa durch Sabbaticals. Eine große Pause für alle! Alle sieben Jahre für drei Monate zum Beispiel, angelehnt an das Modell der Elternzeit. Eine solche Auszeit sollte nicht mehr das Privileg von Menschen sein, die es sich leisten können, sondern allen offenstehen. So würde echte Erholung ermöglicht – und unser kollektives Burnout gemildert.

Menschlichkeit, Gerechtigkeit und Klimaschutz müssen in unserer neuen Arbeitswelt im Vordergrund stehen. Wir müssen ein Arbeitssystem bauen, das nicht einige wenige bevorzugt und sich auf den Rücken von unbezahlter Sorgearbeit stützt. Wir müssen sicherstellen, dass wir nicht die Menschen am schlechtesten behandeln und bezahlen, auf deren Arbeit wir am meisten angewiesen sind. Wir müssen das Wohlbefinden von Menschen in den Fokus stellen und den Klimaschutz zur obersten Priorität machen, damit wir überhaupt noch eine Zukunft haben. Gleichzeitig dürfen wir uns nicht von Sinn und Leidenschaft im Beruf blenden lassen: Auch sie führen dazu, dass wir uns überarbeiten – und dabei noch das Gefühl haben, keine andere Wahl zu haben.

Gute Arbeit ist ein Menschenrecht – und jeder Job sollte ein guter Job sein. »Jeder hat das Recht auf Arbeit, auf freie Berufswahl, auf gerechte und befriedigende Arbeitsbedingungen sowie auf Schutz vor Arbeitslosigkeit.« So steht es in Artikel 23 der

Allgemeinen Erklärung der Menschenrechte, die von den Vereinten Nationen beschlossen wurden.[349] Darin steht, dass alle »das Recht auf gleichen Lohn für gleiche Arbeit haben« und auf »gerechte und befriedigende Entlohnung, die ihm und seiner Familie eine der menschlichen Würde entsprechende Existenz sichern«. Auch das Recht, »Gewerkschaften zu bilden und solchen beizutreten« ist dort festgeschrieben. In Artikel 24 steht, dass alle »das Recht auf Erholung und Freizeit« haben, »insbesondere auf eine vernünftige Begrenzung der Arbeitszeit und regelmäßigen bezahlten Urlaub«. Die Art, wie wir heute arbeiten, sie ist nicht nur schlecht für uns, sondern sie verletzt auch unsere wichtigsten Rechte.

Lasst uns deshalb kürzere Arbeitszeiten fordern, mehr echte Flexibilität, gerechtere Arbeitsbedingungen für alle. Bei unseren Vorgesetzten. Bei unseren Abgeordneten. Beim Betriebsrat. Organisiert euren Betrieb. Tretet Gewerkschaften bei. Streikt. Setzt euch dafür ein, dass alle in eurem Unternehmen, in eurer Branche endlich gut arbeiten können. Auch wenn euer individueller Job eigentlich okay ist. Gerade dann. Wir haben es in der Hand, eine neue Bewegung anzustoßen, für neue, bessere, gerechte Arbeit für alle. Das ist der erste Schritt, damit wir im positiven Szenario für 2050 landen – und aus der Arbeitswelt ausbrechen, die uns aktuell gefangen hält. Erwerbsarbeit, wie wir sie kennen, könnte bald der Vergangenheit angehören. Bis dahin sollten wir dafür sorgen, dass Arbeit so gut wie möglich wird. Die Welt ist schließlich gerade kompliziert genug. Wieso sollten wir es uns mit der Arbeit also noch schwerer machen als nötig?

Wir haben während der Corona-Krise gesehen, dass sich die Arbeitswelt verändern und anpassen kann, wenn der Druck hoch genug ist. Jetzt sind wir es, die diesen Druck erhöhen müssen. Tun wir es nicht, verfestigen wir eine Arbeitswelt, die schlecht für uns und den Planeten ist und uns krank macht. Schaffen wir es, das Ruder rumzureißen, kann Arbeit endlich zu dem werden, was wir uns alle wünschen: ein (immer kleinerer) Teil unseres Lebens, der uns zufrieden und erfüllt zurücklässt, nicht ausgebrannt und frustriert.

DANKSAGUNG

Auch wenn nur ein Name auf dem Cover dieses Buches steht, steckt darin die Arbeit von so vielen Menschen, die direkt oder indirekt dazu beigetragen haben, dass dieses Buch existiert, dass es gedruckt, ausgeliefert und verkauft werden kann. Bei ihnen allen möchte ich mich bedanken. Ohne euch und eure Arbeit wäre dieses Buch nicht mehr als eine Idee, die in meinem Kopf herumschwappt. Danke!

Mein besonderer Dank gilt:

Meiner Agentin Ulrike Melzer von der Literarischen Agentur Simon, die von Tag eins an meine Idee geglaubt und mich so wunderbar durch diesen ganzen Prozess begleitet hat.

Meinem Lektor David Rupp, der bis zum letzten Buchstaben dabei geholfen hat, dieses Buch zu dem zu machen, was es heute ist. Danke, dass du immer meine Nerven in Schach gehalten hast.

Allen weiteren Mitarbeiter*innen bei Kiepenheuer & Witsch, die mich in den vergangenen Monaten unterstützt haben, besonders Julia Krumhauer, Martin Kaufmann, Eva Betzwieser, Mona Pfletschinger, Ines Wallraff, Nadja Schreiber, Ilene Houben, Mara Desgranges, Stefanie Wacker, Annalisa Kiendl, Elisabeth Reith und Claudia Willeke.

Miriam Bloching für mein Cover.

Maya Claussen und ihrer Assistentin für meine Autorinnen-Fotos.

Allen, die mit mir über ihre Arbeit und ihr Leben gesprochen, ihre Geschichten geteilt und sich mir gegenüber geöffnet haben. Den Autor*innen, Journalist*innen und Wissenschaftler*innen, die zum Thema Arbeit schreiben und forschen, und deren Werke, Gedanken und Gespräche mich beim Schreiben begleitet haben.

Den Autor*innen in meinem Leben, die mir klargemacht haben, dass meine Gefühle rund ums Schreiben ganz normal sind, insbesondere Melanie Raabe, Alice Hasters, Sara Schurmann, Julia Wadhawan und Anne-Kathrin Gerstlauer (meine Freelance-Queen).

Meinen Freund*innen, die mich bei Verstand gehalten haben, insbesondere meine besten: Anne, Daniel, Jessi, Jule, Kim, Luise, Stephan, Thea. Ich bin so froh, dass ihr in meinem Leben seid!

Meiner Familie. Ich liebe euch so sehr. Danke für alles, was ihr mein Leben lang für mich getan habt, ganz besonders an Thomas und Monika. Paul, ich bin froh, dass du Teil unserer Familie bist. Jens, dein Essen hat mich mehr als einmal wieder zur Vernunft gebracht. Lars, ich freue mich darauf, mein Buch in dein Regal zu stellen – es könnte an keinem schöneren Ort stehen.

My family in the US who can only read this part of the book but who have nevertheless been my cheerleaders from afar.

Dad, thanks for always believing in me and for regularly quitting your job to spend more time with me. Guess I inherited my work style from you. I'm so glad to be yours.

Mama, ich verdanke dir alles – ganz besonders meine Liebe zu Büchern. Danke, dass du immer für mich da bist und warst. Danke für alles, was du mir möglich gemacht hast. Dieses Buch ist für dich!

Meinem Mann Christian. Danke für den Titel, fürs Beruhigen, fürs Teebringen und Abendessenkochen, wenn ich (immer noch) am Schreibtisch saß. Third time's the charm! Ich könnte mir keinen besseren ersten Leser wünschen.

LITERATURVERZEICHNIS

1. TK-Stressstudie 2021: https://www.tk.de/resource/blob/2116464/9ff316aaf088
70ed54aa8a664502ac67/2021-stressstudie-data.pdf
2. https://www.pronovabkk.de/media/downloads/presse_studien/studie_bgm_2018/
pronovaBKK_BGM_Studie2018.pdf
3. https://www.spox.com/de/sport/fussball/bundesliga/2201/News/max-eberl-
abschied-von-borussia-moenchengladbach-macht-mich-krank-emotional-
erschoepft.html
4. https://www.zeit.de/sport/2022-03/tennis-ashleigh-barty-karriereende-weltrang-
liste-belastung
5. https://www.tagesspiegel.de/politik/merkel-ueber-den-tag-nach-der-amtsuebergabe-
dann-werde-ich-ein-bisschen-schlafen-und-dann-schauen-wir-mal/27426490.html
6. Jodas Salvagioni, Denise Albieri et al. (2017): Physical, psychological and occupa-
tional consequences of job burnout: A systematic review of prospective studies. In:
PLoS One. 2017; 12(10): e0185781.
https://www.ncbi.nlm.nih.gov/pmc/articles/PMC5627926/
7. TK-Stressstudie 2021: https://www.tk.de/resource/blob/2116464/9ff316aaf088
70ed54aa8a664502ac67/2021-stressstudie-data.pdf
8. Freudenberger, Herbert J. (1974): Staff Burn-Out. In: Journal of Social Issues, Volume 30, Issue 1, Winter 1974, Pages 159–165. https://spssi.onlinelibrary.wiley.com/
doi/10.1111/j.1540-4560.1974.tb00706.x
9. https://www.sueddeutsche.de/wissen/psychologie-gefaehrliches-laecheln-1.910423-0
10. https://www.dak.de/dak/bundesthemen/psychreport-2022-2533048.html#/
11. DGB-Index Gute Arbeit Kompakt: Arbeiten trotz Krankheit. 01/2022. https://
index-gute-arbeit.dgb.de/++co++4f9f3772-948f-11ec-b9c9-001a4a160123
12. Price, Devon (2021): Laziness Does Not Exist. Atria Paperback. S. 2, 9–10.
13. https://www.destatis.de/DE/Presse/Pressemitteilungen/2022/07/PD22_287_81.
html
14. DGB-Index Gute Arbeit Kompakt: Weiblich, systemrelevant, unterbezahlt.
01/2020. https://index-gute-arbeit.dgb.de/++co++a8b3b430-7c89-11e9-b866-
52540088cada
15. https://assets.ey.com/content/dam/ey-sites/ey-com/de_de/news/2019/12/ey-
jobstudie-zufriedenheit-work-life-balance-2019.pdf
16. https://www.ey.com/de_de/news/2021/09/ey-jobstudie-2021-motivation-und-
zufriedenheit

17. https://www.boeckler.de/de/boeckler-impuls-erschoepfte-beschaeftigte-18809.htm
18. https://www.psychologicalscience.org/observer/burnout-and-the-brain
19. https://variety.com/2022/tv/features/kardashians-hulu-kris-kim-khloe-1235198939/
20. https://www.tiktok.com/@mrhamilton/video/6847892192422382853?is_copy_url=1&is_from_webapp=v1
21. https://www.tiktok.com/@ayanna.ife/video/7059589734892408111?_t=8QpFyUlt38w&_r=1
22. https://www.tiktok.com/@miainmoments/video/7037948836567944454?_t=8QzwnY8kywU&_r=1
23. https://www.tiktok.com/@zaidleppelin/video/7124414185282391342?is_from_webapp=v1&item_id=7124414185282391342&lang=de-DE
24. https://www.bmas.de/DE/Arbeit/Arbeitsrecht/Mindestlohn/mindestlohn-praktikum.html
25. https://www.boeckler.de/de/pressemitteilungen-2675-befristete-beschaeftigung-junge-arbeitnehmer-besonders-betroffen-deutlich-erhoehtes-3407.htm
26. Kuehn, Kathleen; Corrigan, Thomas F. (2013): Hope Labor: The Role of Employment Prospects in Online Social Production. In: The Political Economy of Communication, Vol. 1, No. 1. https://polecom.org/index.php/polecom/article/view/9/64
27. Deloitte Global 2022 Gen Z & Millennial Survey. https://www2.deloitte.com/content/dam/Deloitte/global/Documents/deloitte-2022-genz-millennial-survey.pdf
28. https://www.bloomberg.com/news/articles/2021-05-10/quit-your-job-how-to-resign-after-covid-pandemic
29. https://www.cnbc.com/2021/06/09/4-million-people-quit-their-jobs-in-april-to-find-better-work.html
30. https://www.cnn.com/2022/02/01/economy/us-job-openings-quite-december/index.html
31. https://www.dailymail.co.uk/news/article-10650701/Proof-Great-Resignation-happening-Australia.html
32. https://metro.co.uk/2022/03/30/the-great-resignation-who-changed-jobs-where-they-went-and-why-16369209/
33. https://www.ft.com/content/3e561d41-0267-4d40-9c30-01e62fa9c10f, https://www.bloomberg.com/news/articles/2021-05-10/quit-your-job-how-to-resign-after-covid-pandemic
34. https://hbr.org/2022/03/the-great-resignation-didnt-start-with-the-pandemic
35. https://www.ft.com/content/3e561d41-0267-4d40-9c30-01e62fa9c10f
36. https://www.pwc.com/gx/en/hopes-and-fears/downloads/global-workforce-hopes-and-fears-survey-2022-v2.pdf
37. Beyoncé: Break my Soul. Renaissance. 2022.
38. https://www.facebook.com/bethsanity/videos/922575135001772
39. https://www.pewresearch.org/fact-tank/2022/03/09/majority-of-workers-who-quit-a-job-in-2021-cite-low-pay-no-opportunities-for-advancement-feeling-disrespected/
40. https://www.iab-forum.de/wie-sich-der-demografische-wandel-auf-den-deutschen-arbeitsmarkt-auswirkt/
41. https://statistik.arbeitsagentur.de/Statistikdaten/Detail/202112/arbeitsmarktberichte/fachkraefte-engpassanalyse/fachkraefte-engpassanalyse-dl-0-202112-zip.zip?__blob=publicationFile&v=2
42. https://www.dihk.de/de/themen-und-positionen/fachkraefte/aus-und-weiterbildung/ausbildung/ausbildungsumfrage-22
43. https://www.dehoga-corona.de/aktuelle-dehoga-meldungen-zum-thema-corona-virus/corona-news/detail/news/jahresbilanz-2021-umsatzverluste-noch-hoeher-als-2020/

44. https://www.spiegel.de/wirtschaft/corona-sorgt-fuer-massenabwanderung-von-mitarbeitern-im-gastgewerbe-a-6cd7c8f8-b086-4317-b8aa-f7e0330d8fad
45. https://www.nordsee-zeitung.de/Deutschland-und-Welt/Fast-jeder-Fuenfte-arbeitet-im-Niedriglohn-Sektor-85873.html
46. https://www.tagesschau.de/wirtschaft/unternehmen/gastgewerbe-personal-abwanderung-iw-101.html
47. https://www.iwkoeln.de/presse/pressemitteilungen/alexander-burstedde-filiz-koneberg-an-flughaefen-fehlen-7200-beschaeftigte.html
48. https://www.cnbc.com/2022/04/26/delta-to-pay-flight-attendants-during-boarding-amid-union-push.html
49. https://www.spiegel.de/wirtschaft/dumping-am-flughafen-frankfurt-und-ein-fehlerhaftes-system-ja-absurd-oder-a-539a025d-59e3-46df-a38a-6056a9270d11
50. https://www.iab-forum.de/wie-sich-der-demografische-wandel-auf-den-deutschen-arbeitsmarkt-auswirkt/
51. Konzeptwerk Neue Ökonomie (Hrsg.) (2014): Zeitwohlstand. Oekom Verlag. S. 9. https://konzeptwerk-neue-oekonomie.org/wp-content/uploads/2018/06/Zeitwohlstand.pdf
52. https://www.swr.de/swraktuell/baden-wuerttemberg/kretschmann-arbeitszeit-lehrer-100.html
53. https://www.swr.de/swraktuell/baden-wuerttemberg/sommerferien-befristet-angestellte-lehrer-bw-kosten-100.html
54. https://deutsches-schulportal.de/bildungswesen/lehrerarbeitszeit-infografik-so-viele-stunden-arbeiten-lehrerinnen-und-lehrer-wirklich/
55. https://www.bosch-stiftung.de/de/presse/2022/06/repraesentative-umfrage-der-robert-bosch-stiftung-zeigt-alarmierend-hohe-belastung
56. https://pressemitteilungen.pr.uni-halle.de/index.php?modus=pmanzeige&pm_id=5206
57. https://www.tagesschau.de/inland/lehrermangel-schulen-101.html
58. https://www.destatis.de/DE/Presse/Pressemitteilungen/2021/04/PD21_N026_13.html
59. DGB-Index Gute Arbeit. Sonderauswertung Alle gesund? 2019. https://index-gute-arbeit.dgb.de/++co++7761cb5c-fcb6-11ea-a77b-001a4a160123
60. DGB-Index Gute Arbeit. Sonderauswertung Alle gesund? 2019. https://index-gute-arbeit.dgb.de/++co++7761cb5c-fcb6-11ea-a77b-001a4a160123
61. WHO/ILO Joint Estimates of the Work-related Burden of Disease and Injury, 2000–2016: https://www.who.int/publications/i/item/9789240034945
62. https://www.reuters.com/world/china/chinese-authorities-say-overtime-996-policy-is-illegal-2021-08-27/
63. https://www.unicef.cn/en/figure-115-dependency-ratio-19502100
64. https://www.destatis.de/EN/Themes/Society-Environment/Population/Population-Projection/Publications/Downloads-Population-Projection/germany-population-2060.pdf?__blob=publicationFile
65. https://www.ft.com/content/cc3e25c3-a8a4-4b4c-9f0c-77cf0777fd4b
66. https://twitter.com/Changxche/status/1524720042432245761
67. https://www.destatis.de/DE/Themen/Arbeit/Arbeitsmarkt/Qualitaet-Arbeit/Dimension-3/woechentliche-arbeitszeitl.html
68. Suzman, James (2022): Sie nannten es Arbeit: Eine andere Geschichte der Menschheit. C. H. Beck. S. 137.
69. https://www.destatis.de/DE/Methoden/WISTA-Wirtschaft-und-Statistik/2016/02/unbezahlte-arbeit-022016.pdf;jsessionid=7A90346DFC040AC618C223E24417D57B.live741?__blob=publicationFile

70. https://www.bpb.de/themen/gender-diversitaet/frauen-in-deutschland/49397/
arbeit-von-frauen-in-zeiten-der-globalisierung/
https://www.destatis.de/DE/Themen/Arbeit/Arbeitsmarkt/Qualitaet-Arbeit/
Dimension-1/teilhabe-frauen-erwerbsleben.html
https://www.destatis.de/DE/Presse/Pressemitteilungen/2022/03/PD22_N012_12.
html

71. https://edition.cnn.com/2022/08/01/business/4-day-work-week-uk-trial/index.
html

72. Autonomy (2021): Going Public: Iceland's Journey to a Shorter Working Week.
https://autonomy.work/wp-content/uploads/2021/06/ICELAND_4DW.pdf

73. Autonomy (2021): Going Public: Iceland's Journey to a Shorter Working Week.
https://autonomy.work/wp-content/uploads/2021/06/ICELAND_4DW.pdf

74. https://www.zeit.de/zeit-magazin/wochenmarkt/2021-12/sternekoch-silvio-pfeufer-
einsunternull-spitzengastronomie-arbeitsbedinungen/komplettansicht

75. https://www.swr.de/swraktuell/ausbildungsbetrieb-mit-vier-tage-woche-mehr-
bewerber-als-stellen-100.html

76. Suzman, James (2022): Sie nannten es Arbeit: Eine andere Geschichte der Menschheit. Aus dem Englischen von Karl Heinz Siber. C.H. Beck. S. 343–344.

77. Mark, Gloria et al. (2005): No Task Left Behind? Examining the Nature of Frag-
mented Work. University of California, Irvine. https://www.ics.uci.edu/~gmark/
CHI2005.pdf

78. Newport, Cal (2021): A World Without Email. Portfolio. E-Book. S. 9–12.

79. https://blog.rescuetime.com/communication-multitasking-switches/

80. Newport, Cal (2021): A World Without Email. Portfolio. E-Book. S. 36–37.

81. Newport, Cal (2021): A World Without Email. Portfolio. E-Book. S. 102–103.

82. Wajcman, Judy (2018): How Silicon Valley sets time. In: New Media & Society, Vol 21,
Issue 6, 2019. https://journals.sagepub.com/doi/10.1177/1461444818820073

83. https://www.sueddeutsche.de/wirtschaft/ig-metall-hofmann-4-tage-woche-
1.4999760

84. https://www.ted.com/talks/juliet_schor_the_case_for_a_4_day_work_week/transcript

85. https://www.resilience.org/stories/2011-06-14/counter-intuition-101-why-recent-
bad-economic-news-means-its-time-working-less/

86. https://www.resilience.org/stories/2011-06-14/counter-intuition-101-why-recent-
bad-economic-news-means-its-time-working-less/

87. Knight, Kyle W.; Rosa, Eugene A.; Schor, Juliet B.: Could working less reduce pres-
sures on the environment? A cross-national panel analysis of OECD countries,
1970–2007. Published in: Environmental Change 23 (2013), 691–700. Elsevier,
2013. https://www.sciencedirect.com/science/article/abs/pii/S0959378013000472
Nässén, Jonas; Larsson, Jörgen: Would shorter working time reduce greenhouse gas
emissions? An analysis of time use and consumption in Swedish households. In:
Environment and Planning C: Government and Policy 2015, volume 33, pages
726–745. http://digamoo.free.fr/nassenlarsson2015.pdf
Platform London; Mompelat, Laurie; Minio-Paluello, Mika: Stop The Clock. The
Environmental Benefits of a Shorter Working Week. Mai 2021. https://6a142ff6-
85bd-4a7b-bb3b-476b07b8f08d.usrfiles.com/ugd/6a142f_5061c06b240e4776b-
f31dfac2543746b.pdf

88. Fremstad, Anders; Paul, Mark; Underwood, Anthony: Work Hours and CO_2 Emissions: Evidence from U.S. Households. In: Review of Political Economy, January 2019.
https://www.researchgate.net/publication/334069369_Work_Hours_and_CO_2_
Emissions_Evidence_from_US_Households/link/5e14fbf14585159aa4bcde99/
download

89. Devetter, François-Xavier; Rousseau, Sandrine: Working Hours and Sustainable Development. In: Review of Social Economy, September 2011. https://www.researchgate.net/publication/254354725_Working_Hours_and_Sustainable_Development/link/577545bc08ae4645d60ba95d/download

90. Sanches, Samy (2005): Sustainable consumption à la française? Conventional, innovative, and alternative approaches to sustainability and consumption in France. In: Sustainability: Science, Practice and Policy, 1:1, 43–57. https://www.tandfonline.com/doi/pdf/10.1080/15487733.2005.11907964?needAccess=true

91. Autonomy (2019): The Ecological Limits of Work. https://autonomy.work/wp-content/uploads/2019/05/The-Ecological-Limits-of-Work-final.pdf

92. John Maynard Keynes (1930): Wirtschaftliche Möglichkeiten für unsere Enkelkinder. Übersetzt von und entnommen aus: Norbert Reuter: Wachstumseuphorie und Verteilungsrealität. Wirtschaftspolitische Leitbilder zwischen Gestern und Morgen. Mit Texten zum Thema von John Maynard Keynes und Wassily W. Leontief, 2. vollständig überarbeitete und aktualisierte Auflage. Marburg 2007. S. 135–147.

93. Artistoteles: Politik. Dürr'sche Buchhandlung. https://www.projekt-gutenberg.org/aristote/politik/chap002.html

94. Smiles, Samuel (1859): Selbsthilfe. Otto Hendel. https://www.projekt-gutenberg.org/smiles/selbsthi/chap005.html

95. Stronge, Will; Lewis, Kyle (2021): Overwork. Why We Need a Shorter Working Week. Verso. London. S. 89.

96. Stronge, Will; Lewis, Kyle (2021): Overwork. Why We Need a Shorter Working Week. Verso. London. S. 63–64.

97. Barrero, José María (2022): The Work-From-Home Outlook in 2022 and Beyond. https://wfhresearch.com/wp-content/uploads/2022/01/Barrero-AEA-NABE-Jan22.pdf

98. https://futureforum.com/2021/06/15/moving-from-retrofit-to-redesign/

99. DGB-Index Gute Arbeit (2021): Sonderauswertung Arbeit der Zukunft im »Neuen Normal«? https://index-gute-arbeit.dgb.de/++co++cc6b2888-b0fa-11ec-ac1a-001a4a160123

100. https://www.gesetze-im-internet.de/arbst_ttv_2004/BJNR217910004.html

101. https://www.iwkoeln.de/fileadmin/user_upload/Studien/IW-Trends/PDF/2020/IW-Trends_2020-03-04_Hammermann-Voigtlaender.pdf

102. https://www.destatis.de/DE/Presse/Pressemitteilungen/Zahl-der-Woche/2022/PD22_24_p002.html

103. https://www.nytimes.com/2022/04/12/technology/rto-return-office-technology.html

104. Barrero, José María (2022): The Work-From-Home Outlook in 2022 and Beyond. https://wfhresearch.com/wp-content/uploads/2022/01/Barrero-AEA-NABE-Jan22.pdf

105. Microsoft Work Trend Index (2022): https://www.microsoft.com/en-us/worklab/work-trend-index/hybrid-work-is-just-work

106. Barrero, José María (2022): The Work-From-Home Outlook in 2022 and Beyond. https://wfhresearch.com/wp-content/uploads/2022/01/Barrero-AEA-NABE-Jan22.pdf

107. Deloitte Global 2022 Gen Z & Millennial Survey. https://www2.deloitte.com/content/dam/Deloitte/global/Documents/deloitte-2022-genz-millennial-survey.pdf

108. https://www.theverge.com/2021/6/2/22465846/apple-employees-return-office-three-days-week-september

109. https://www.macrumors.com/2022/05/17/ian-goodfellow-joins-deepmind-google/

110. https://appletogether.org/hotnews/thoughts-on-office-bound-work
111. https://www.theverge.com/2022/5/17/23100696/apple-delay-hybrid-office-return-work-from-home-covid-19-masks
112. https://www.ft.com/content/e40ba5a2-9dbd-4f88-87f1-c92e412ac132
113. https://electrek.co/2022/06/01/elon-musk-tesla-employees-come-back-office-or-quit/
114. https://www.reuters.com/technology/exclusive-musk-says-tesla-needs-cut-staff-by-10-pauses-all-hiring-2022-06-03/
115. https://www.wsj.com/podcasts/the-journal/why-airbnb-is-letting-employees-work-anywhere/1cfaed2e-33bd-4487-93ee-d84004c3b38e
116. https://www.linkedin.com/pulse/african-tech-brain-drain-imminent-amaka-okechukwu-opara/
117. DGB-Index Gute Arbeit (2021): Unter erschwerten Bedingungen – Corona und die Arbeitswelt. https://index-gute-arbeit.dgb.de/++co++034808ca-493c-11ec-99ed-001a4a160123
118. IAB Kurzbericht 13/2020. https://doku.iab.de/kurzber/2020/kb1320.pdf
119. Petersen, Anne Helen; Warzel, Charlie (2021): Out of Office. Alfred A. Knopf. S. 45–46.
120. https://www.microsoft.com/en-us/worklab/work-trend-index/great-expectations-making-hybrid-work-work
121. https://www.microsoft.com/en-us/worklab/triple-peak-day
122. https://www.spektrum.de/news/was-hilft-alleinerziehenden-muettern-und-vaetern-in-der-corona-krise/1813610
https://www.bib.bund.de/Publikation/2021/pdf/Belastungen-von-Kindern-Jugend-lichen-und-Eltern-in-der-Corona-Pandemie.pdf
123. https://about.gitlab.com/company/culture/all-remote/guide/
124. https://gitlab.com/dmurph
125. Neeley, Tsedal (2021): Remote Work Revolution. Harper Business. E-Book. Kapitel 3.
126. https://www.boeckler.de/de/pressemitteilungen-2675-flexible-arbeitszeiten-ohne-tagliche-grenze-leidet-erholung-36502.htm
127. https://www.bundesarbeitsgericht.de/presse/einfuehrung-elektronischer-zeiterfassung-initiativrecht-des-betriebsrats/
128. Gerichtshof der Europäischen Union (2019): Urteil in der Rechtssache C-55/18. https://curia.europa.eu/jcms/upload/docs/application/pdf/2019-05/cp190061de.pdf
129. https://www.sueddeutsche.de/wirtschaft/niederlande-home-office-hybrides-arbeiten-wir-1.5620318
130. Koalitionsvertrag 2021-2025. https://www.spd.de/fileadmin/Dokumente/Koalitionsvertrag/Koalitionsvertrag_2021-2025.pdf
131. https://www.europarl.europa.eu/news/de/press-room/20210114IPR95618/parlament-recht-auf-nichterreichbarkeit-soll-in-der-eu-grundrecht-werden
132. https://www.rechtslupe.de/arbeitsrecht/frankreich-kurze-vorstellung-3120245
133. Bloom, Nicholas et al. (2022): How Hybrid Working from Home Works out. National Bureau of Economic Research. https://www.nber.org/system/files/working_papers/w30292/w30292.pdf
134. Le Quéré, Corine et al. (2020): Temporary reduction in daily global CO_2 emissions during the COVID-19 forced confinement. Published in: Nature Climate Change 10, 647–653, 2020 https://www.nature.com/articles/s41558-020-0797-x
135. Büttner, Lisa; Breitkreuz, Anna: How COVID-19 working routines can save emissions in a post-COVID-19 world. Published by IZT Institute for Future Stu-

dies and Technology Assessment on behalf of Greenpeace e. V. Hamburg. Berlin. August 2020. https://www.greenpeace.de/publikationen/2020-08-19_gpd_homeofficestudy_english.pdf

136. MoreThanNow (2022): Working From Home: The Sustainability Question. https://issuu.com/morethannow/docs/morethannow_wfh_pages_14.04.2021
137. https://time.com/5935050/remote-work-energy-bill/
138. Öko-Institut e. V. (2022): Arbeiten im Homeoffice – gut für die Umwelt und die Mitarbeiter:innen? https://www.oeko.de/fileadmin/oekodoc/compan-e_Homeoffice.pdf
139. MoreThanNow (2022): Working From Home: The Sustainability Question. https://issuu.com/morethannow/docs/morethannow_wfh_pages_14.04.2021
140. https://www.umweltbundesamt.de/presse/pressemitteilungen/video-streaming-art-der-datenuebertragung
141. Schramm, Stefanie (2020): Effekte der COVID-19-Pandemie auf berufsbedingten Verkehr, geschäftliche Meetings, Home-Office und Klimabilanz. CliDiTrans Werkstattbericht. Borderstep. Berlin. https://www.borderstep.de/wp-content/uploads/2020/12/AP3-5_Literaturauswertung_07122020.pdf
142. Carbon Trust, Vodafone Institute for Society and Communications: Homeworking Report. June 2021. https://www.vodafone-institut.de/wp-content/uploads/2021/07/Homeworking-Report-2021.pdf
143. Carbon Trust, Vodafone Institute for Society and Communications: Homeworking Report. June 2021. https://www.vodafone-institut.de/wp-content/uploads/2021/07/Homeworking-Report-2021.pdf
144. https://www.destatis.de/DE/Presse/Pressemitteilungen/Zahl-der-Woche/2022/PD22_24_p002.html
145. Antidiskriminierungsstelle des Bundes (2021): Jahresbericht 2021. https://www.antidiskriminierungsstelle.de/SharedDocs/aktuelles/DE/2022/20220816_Jahresbericht_2021.html
146. Antidiskriminierungsstelle des Bundes (2019): Studie zu sexueller Belästigung am Arbeitsplatz.https://www.antidiskriminierungsstelle.de/SharedDocs/pressemitteilungen/DE/2019/20191025_Studie_Sexuelle_Belaestigung.html
147. https://www.destatis.de/DE/Presse/Pressemitteilungen/2022/04/PD22_162_125.html
148. Afrozensus 2020: https://afrozensus.de/reports/2020/Afrozensus-2020.pdf
149. Weichselbaumer, Doris (2016): Discrimination against Female Migrants Wearing Headscarves. IZA DP No. 10217. https://docs.iza.org/dp10217.pdf
150. https://www.sueddeutsche.de/wirtschaft/auslaender-arbeitsmarkt-1.5510826
151. https://www.queer.de/detail.php?article_id=27318
152. https://www.lsvd.de/de/ct/2614-diskriminierungserfahrungen-von-lsbti-in-deutschland
153. https://www.destatis.de/DE/Presse/Pressemitteilungen/2022/06/PD22_259_227.html
154. https://www.zeit.de/wirtschaft/2019-10/gehaltsunterschiede-ost-west-lohn-arbeitnehmer-studie, https://www.mdr.de/themen/dnadesostens/projekt/ostdeutsche-karriere-elite-fuehrung-unternehmen-wirtschaft-justiz-medien-posten-westen-100.html
155. https://www.sinus-institut.de/media-center/news/studie-frauen-mit-behinderung-auf-dem-arbeitsmarkt-benachteiligt
156. Rhimes, Shonda (2016): Das Ja-Experiment – »Year of Yes«: Wie ein kleines Wort dein Leben ändern kann. Aus dem Amerikanischen von Elisabeth Schmalen. Heyne. S. 138 f.

157. Hasters, Alice (2019): Was weiße Menschen nicht über Rassismus hören wollen, aber wissen sollten. Hanserblau. S. 114.

158. Allbright Bericht Juni 2021: https://static1.squarespace.com/static/ 5c7e8528f4755a0bedc3f8f1/t/60ca5e501233fb3164140c1d/1623875167416/ Allbright-Bericht-Juni-2021_Bo%CC%88rsenneulinge.pdf

159. Allbright Bericht September 2021: https://static1.squarespace.com/static/ 5c7e8528f4755a0bedc3f8f1/t/617ab5a77069070631d64edf/1635431858323/ AllBright+Bericht+Herbst+2021_Aufbruch+oder+Alibi_.pdf

160. Allbright Bericht September 2021: https://static1.squarespace.com/static/ 5c7e8528f4755a0bedc3f8f1/t/617ab5a77069070631d64edf/1635431858323/ AllBright+Bericht+Herbst+2021_Aufbruch+oder+Alibi_.pdf

161. https://www.diw.de/de/diw_01.c.412682.de/frauenquote.html

162. https://www.bmfsfj.de/bmfsfj/aktuelles/alle-meldungen/eine-verbindliche-quote-wirkt-freiwillig-tut-sich-nichts-162424

163. https://www.stepstone.de/wissen/diversity/

164. https://www.mckinsey.de/news/presse/2020-05-19-diversity-wins

165. https://www.stifterverband.org/medien/vom_arbeiterkind_zum_doktor

166. https://www.bmfsfj.de/bmfsfj/aktuelles/alle-meldungen/eine-verbindliche-quote-wirkt-freiwillig-tut-sich-nichts-162424

167. https://www.deutschlandfunk.de/prekaere-arbeit-fleischindustrie-online-handel-mindestlohn-100.html

168. Antidiskriminierungsstelle des Bundes (2022): Geschlechterdiversität in Beschäftigung und Beruf. https://www.antidiskriminierungsstelle.de/SharedDocs/downloads/ DE/publikationen/Expertisen/geschlechterdiversitaet_i_beschaeftigung_u_beruf.pdf

169. Flüter-Hoffmann et al. (2021): IW-Analysen 147. Menschen mit Beeinträchtigungen auf dem Arbeitsmarkt. Institut der Deutschen Wirtschaft. https://www.iwkoeln.de/fileadmin/user_upload/Studien/IW-Analysen/PDF/2021/ Analysen_147_Teilhabe.pdf

170. https://www.stiftung-gesundheitswissen.de/presse/immer-mehr-menschen-mit-chronischen-erkrankungen-ueber-jahrzehnte-beeintraechtigt

171. https://www.destatis.de/DE/Presse/Pressemitteilungen/Zahl-der-Woche/2021/ PD21_20_p002.html

172. Aktion Mensch (2021): Inklusionsbarometer Arbeit. https://delivery-aktion-mensch. stylelabs.cloud/api/public/content/inklusionsbarometer2021?v=ad527273

173. https://www.arbeitsagentur.de/datei/dok_ba013426.pdf

174. https://www.rehadat-statistik.de/statistiken/berufliche-teilhabe/beschaeftigung/ beschaeftigungsstatistik-schwerbehinderter-menschen/

175. https://www.ueberaus.de/wws/weiterentwicklung_von_wfbm.php https://www.rehadat-statistik.de/statistiken/berufliche-teilhabe/wfbm/bagwfbm/

176. https://jobinklusive.org/2021/09/13/kritik-an-werkstaetten-fuer-behinderte-menschen-acht-punkte/

177. https://jobinklusive.org/2020/09/14/wie-das-system-der-behindertenwerkstaetten-inklusion-verhindert-und-niemand-etwas-daran-aendert/

178. https://www.scb.se/en/finding-statistics/statistics-by-subject-area/labour-market/ disabled-persons/the-labour-market-situation-for-people-with-disabilities/

179. Gustafsson, Johanna et al. (2018): Supported Employment and Social Inclusion – Experiences of Workers with Disabilities in Wage Subsidized Employment in Sweden. Scandinavian Journal of Disability Research. https://www.sjdr.se/ articles/10.16993/sjdr.36/

180. https://www.antidiskriminierungsstelle.de/DE/ueber-diskriminierung/ diskriminierungsmerkmale/behinderung-und-chronische-krankheiten/ behinderung-und-chronische-krankheiten-node.html

181. https://www.who.int/europe/de/news/item/13-09-2022-at-least-17-million-people-in-the-who-european-region-experienced-long-covid-in-the-first-two-years-of-the-pandemic--millions-may-have-to-live-with-it-for-years-to-come
182. Davis, Hannah E. et al. (2021): Characterizing long COVID in an international cohort: 7 months of symptoms and their impact. eClinical Medicine. Volume 38, 101019. https://www.thelancet.com/journals/eclinm/article/PIIS2589-5370(21)00299-6/fulltext
183. Bach, Katie (2022): Is Long Covid Worsening the Labor Shortage? Brookings. https://www.brookings.edu/research/is-long-covid-worsening-the-labor-shortage/
184. https://www.tk.de/presse/themen/praevention/gesundheitsstudien/gesundheitsreport-2022-long-covid-krankenstand-2130826
185. https://www.spiegel.de/wirtschaft/corona-long-covid-patienten-droht-der-finanzielle-absturz-a-c2bfd32f-05f8-4b82-aa62-728e2ce71291
186. https://www.betriebsarztservice.de/long-covid-berufsalltag/
187. Harts, Minda (2019): The Memo: What Women of Color need to know to secure a seat at the table. E-book. S. 276–278, S. 277–279.
188. Jaffe, Sarah (2022): Work won't love you back. Hurst & Company. London. S. 49.
189. https://www.destatis.de/DE/Presse/Pressemitteilungen/2022/03/PD22_088_621.html
190. https://www.sinus-institut.de/media-center/news/studie-frauen-mit-behinderung-auf-dem-arbeitsmarkt-benachteiligt
191. Antidiskriminierungsstelle des Bundes (2022): 19. Migration Pay Gap. https://www.antidiskriminierungsstelle.de/SharedDocs/Glossar_Entgeltgleichheit/DE/19_Migration_Pay_Gap.html
192. https://www.nationalpartnership.org/our-work/resources/economic-justice/fair-pay/quantifying-americas-gender-wage-gap.pdf
193. https://www.bpb.de/kurz-knapp/zahlen-und-fakten/soziale-situation-in-deutschland/61705/voll-und-teilzeitbeschaeftigte/, https://www.destatis.de/DE/Presse/Pressemitteilungen/2022/03/PD22_N012_12.html
194. https://www.bertelsmann-stiftung.de/de/publikationen/publikation/did/frauen-auf-dem-deutschen-arbeitsmarkt-1
195. https://www.wsi.de/data/wsi_gdp_2021-04-06_EK-PensionGap-01.pdf
196. https://www.zeit.de/gesellschaft/familie/2020-10/iab-studie-muetter-rueckkehr-beruf-ostdeutschland-westdeutschland-ddr-tradition
197. Federici, Silvia (2021): Revolution at Point Zero. Hausarbeit, Reproduktion und feministischer Kampf. Aus dem Englischen übersetzt von Leo Kühberger. Unrast. S. 59.
198. Oxfam (2020): Time to Care. https://oxfamilibrary.openrepository.com/bitstream/handle/10546/620928/bp-time-to-care-inequality-200120-en.pdf
199. https://www.destatis.de/DE/Methoden/WISTA-Wirtschaft-und-Statistik/2016/02/unbezahlte-arbeit-022016.pdf?__blob=publicationFile
200. https://www.diw.de/de/diw_01.c.616037.de/publikationen/wochenberichte/2019_10_3/auch_an_erwerbsfreien_tagen_erledigen_frauen_einen_grossteil_der_hausarbeit_und_kinderbetreuung.html
201. https://www.diw.de/de/diw_01.c.616037.de/publikationen/wochenberichte/2019_10_3/auch_an_erwerbsfreien_tagen_erledigen_frauen_einen_grossteil_der_hausarbeit_und_kinderbetreuung.html
202. https://www.destatis.de/DE/Methoden/WISTA-Wirtschaft-und-Statistik/2018/03/realisierte-erwerbstaetigkeit-032018.pdf?__blob=publicationFile
203. https://www.diw.de/de/diw_01.c.616037.de/publikationen/wochenberichte/2019_10_3/auch_an_erwerbsfreien_tagen_erledigen_frauen_einen_grossteil_der_hausarbeit_und_kinderbetreuung.html

204. https://www.boeckler.de/de/boeckler-impuls-jede-funfte-mutter-reduziert-ihre-arbeitszeit-39336.htm
205. https://www.destatis.de/DE/Themen/Querschnitt/Demografischer-Wandel/Hintergruende-Auswirkungen/demografie-pflege.htm
206. https://www.aerzteblatt.de/nachrichten/107014/Haeusliche-Pflege-fuehrt-Frauen-in-die-Altersarmut
207. https://www.vdk.de/bayern/pages/presse/85583/vdk-studien_armutsfalle_naechstenpflege_vdk_fordert_lohn_fuer_pflegende_angehoerige?dscc=essenc
208. Garbes, Angela: Essential Labor. 2022, HarperCollins Publishers. S. 54f.
209. Patel, Raj; Moore, Jason W. (2018): Entwertung. Eine Geschichte der Welt in sieben billigen Dingen. Aus dem Englischen von Albrecht Schreiber. Rowohlt Berlin. S. 155.
210. Jaffe, Sarah: Work Won't Love You Back. S. 36–37.
211. https://www.spiegel.de/geschichte/frauenstreik-in-island-die-revolution-der-roten-struempfe-a-1255589.html
212. World Economic Forum (2022): Global Gender Gap Report 2022. https://www3.weforum.org/docs/WEF_GGGR_2022.pdf
213. World Economic Forum (2022): Global Gender Gap Report 2022. https://www3.weforum.org/docs/WEF_GGGR_2022.pdf
214. Garbes, Angela: Essential Labor. 2022. HarperCollins Publishers. S. 64.
215. Davis, Angela Y. (1922): Rassismus, Sexismus und Klassenkampf. Aus dem amerikanischen Englisch von Erika Stöppler. Unrast. S. 226–227.
216. https://www.destatis.de/DE/Presse/Pressemitteilungen/Zahl-der-Woche/2021/PD21_19_p002.htmlhttps://www.bmfsfj.de/resource/blob/186176/81ff4612aee448c7529f775e60a66023/vaeterreport-update-2021-data.pdf
217. https://www.diw.de/de/diw_01.c.834628.de/nachrichten/die_ampel-koalition_vergroessert_das_minijob-problem.html
218. https://www.zeit.de/wirtschaft/2022-08/fachkraeftemangel-erwerbstaetigkeit-frauen-arbeitsmarkt-rente
219. https://www.spiegel.de/psychologie/care-arbeit-was-ihre-hausarbeit-wert-ist-a-d81758d2-a232-42b6-a6c1-adde8faf3637
220. https://www.change.org/p/robert-habeck-schwanger-und-selbstst%C3%A4ndig-es-braucht-endlich-eine-reform-des-mutterschutzes
221. https://www.spiegel.de/politik/abgeordnete-und-elternzeit-wenn-politiker-mutter-und-vater-werden-a-00000000-0003-0001-0000-000000292538
222. https://www.sueddeutsche.de/leben/familie-und-partnerschaft-mutter-staat-1.2827112-0#seite-2
223. DGB-Index Gute Arbeit Kompakt: Weiblich, systemrelevant, unterbezahlt. 01/2020. https://index-gute-arbeit.dgb.de/++co++a8b3b430-7c89-11e9-b866-52540088cada
224. https://www.spiegel.de/wirtschaft/soziales/deutschland-das-land-der-schwarzputzer-a-d40cacf8-40ec-4d75-a7f2-6830744bb6b4
225. https://www.ted.com/talks/ai_jen_poo_the_work_that_makes_all_other_work_possible/transcript
226. Garbes, Angela: Essential Labor. 2022, HarperCollins Publishers. S. 58.
227. https://mediendienst-integration.de/fileadmin/Dateien/Pflege_Fachkraefte_Ausland_Mediendienst_Factsheet_neu_2021.pdf
228. Wojczewski, Silvia et al. (2015): African Female Physicians and Nurses in the Global Care Chain: Qualitative Explorations from Five Destination Countries. PLoS ONE 10(6): e0129464. https://journals.plos.org/plosone/article?id=10.1371/journal.pone.0129464

229. Graeber, David (2018): Bullshit Jobs: Vom wahren Sinn der Arbeit. Aus dem Englischen von Sebastian Vogel. Klett-Cotta. S. 460. (E-Book)
230. https://www.bertelsmann-stiftung.de/de/themen/aktuelle-meldungen/2021/august/mehr-plaetze-im-westen-mehr-qualitaet-im-osten-bessere-kita-bedingungen-sind-moeglich
231. https://www.oecd.org/education/school/TALIS-Starting-Strong-2018-Vol2-Germany-de.pdf
232. https://www.vincentz.de/tag/altenpflege-im-fokus/
233. https://www.aerzteblatt.de/nachrichten/51121/Burnout-von-Pflegepersonal-erhoeht-Infektionsrate-der-Patienten
234. https://whatsnext.nuance.com/de-de/gesundheitswesen/burnout-im-gesundheitswesen-womit-kann-die-steigende-gefahr-aufgehalten-werden/?print=pdf
235. https://www.destatis.de/DE/Presse/Pressemitteilungen/2020/09/PD20_N051_13.html
236. Aiken, Linda H. et al (2012): Patient safety, satisfaction, and quality of hospital care: cross sectional surveys of nurses and patients in 12 countries in Europe and the United States. BMJ 2012; 344:e1717. https://www.bmj.com/content/344/bmj.e1717
237. https://www.duden.de/presse/wort-des-jahres-2021-wellenbrecher
238. https://arbeitnehmerkammer.de/fileadmin/user_upload/Downloads/Politik/Rente_Gesundheit_Pflege/Bundesweite_Studie_Ich_pflege_wieder_wenn_Langfassung.pdf
239. https://www.arbeitsagentur.de/presse/2022-23-tag-der-pflege-trotz-mangel-an-fachkraeften-steigt-zahl-der-beschaeftigten-in
240. https://www1.wdr.de/nachrichten/unikliniken-nrw-streik-einigung-verdi-100.html
241. https://www.destatis.de/DE/Themen/Gesellschaft-Umwelt/Gesundheit/Krankenhaeuser/Publikationen/Downloads-Krankenhaeuser/grunddaten-krankenhaeuser-2120611197004.pdf?__blob=publicationFile
242. https://www.aerzteblatt.de/archiv/56239/Folgen-der-Privatisierung-von-Krankenhaeusern-Die-Spielregeln-sind-willkuerlich
243. https://www.zeit.de/2022/35/missstaende-krankenhaeuser-kosten-fallpauschalen/komplettansicht
244. https://www.boeckler.de/de/boeckler-impuls-krankenhauser-fallpauschalen-abschaffen-28850.htm
https://www.quarks.de/gesundheit/medizin/zwischen-profit-und-patientenwohl/
245. https://iab.de/presseinfo/ergebnisse-der-iab-stellenerhebung-fuer-das-erste-quartal-2022-offene-stellen-erreichen-mit-174-millionen-einen-neuen-rekordwert/
246. https://www.nytimes.com/2021/06/08/podcasts/transcript-ezra-klein-interviews-jamila-michener.html
247. https://www.bertelsmann-stiftung.de/de/publikationen/publikation/did/erwerbstaetigkeit-und-grundsicherungsbezug
248. https://www.destatis.de/DE/Presse/Pressemitteilungen/2022/01/PD22_020_811.html, https://statistik.arbeitsagentur.de/Statistikdaten/Detail/202207/arbeitsmarktberichte/monatsbericht-monatsbericht/monatsbericht-d-0-202207-pdf.pdf
249. https://www.diw.de/de/diw_01.c.793891.de/vermoegenskonzentration_in_deutschland_hoeher_als_bisher_bekannt.html
250. https://www.bertelsmann-stiftung.de/de/publikationen/publikation/did/broeckelt-die-mittelschicht-all
251. https://www.faz.net/aktuell/karriere-hochschule/buero-co/dax-vorstaende-verdienen-das-48-fache-ihrer-angestellten-17435432.html
252. https://www.tagesschau.de/wirtschaft/unternehmen/dax-dividende-rekord-studie-101.html

253. https://www.manager-magazin.de/unternehmen/energie/energiekonzerne-rekordgewinne-fuer-die-fuenf-groessten-westlichen-oelkonzerne-exxon-mobil-bp-totalenergies-shell-chevron-a-0aa12b16-e1fd-44c9-8f83-ae24d030df09

254. Goos, Maarten; Manning, Alan: Lousy Jobs and Lovely Jobs: The Rising Polarization of Work in Britain. In: The Review of Economics and Statistics, 2007, 89 (1), 118–133. https://eprints.lse.ac.uk/20002/1/Lousy_and_Lovely_Jobs_the_Rising_Polarization_of_Work_in_Britain.pdf

255. Ehrenreich, Barbara (2001): Arbeit poor. Unterwegs in der Dienstleistungsgesellschaft. Aus dem Englischen von Niels Kadritzke. Verlag Antje Kunstmann. S. 258–259.

256. https://twitter.com/LWC_Berlin/status/1541396332996354050

257. https://www.bnnbloomberg.ca/pressure-builds-on-just-eat-s-board-after-16-million-ski-trip-1.1752673

258. https://vimeo.com/722004765

259. https://www.labournet.de/internationales/china/arbeitskaempfe-china/foodpanda-auch-hongkonger-essenslieferantinnen-protestieren-gegen-bezahlung-und-arbeitsbedingungen/

260. https://twitter.com/pandaMMriders/status/1533439789504299008/photo/1

261. https://fortune.com/2022/06/02/fortune-500-amazon-ceo-andy-jassy-compensation/

262. https://daserste.ndr.de/panorama/aktuell/Mitarbeiterueberwachung-Verfahren-gegen-Amazon,amazon446.html

263. https://www.bbc.com/news/world-us-canada-56628745

264. https://www.washingtonpost.com/technology/2021/12/15/amazon-warehouse-collapse-tornado/

265. https://www.vice.com/en/article/z3nqn4/dystopic-tiktok-trend-demands-amazon-workers-dance-for-surveillacameras

266. https://www.bloomberg.com/news/features/2021-06-28/fired-by-bot-amazon-turns-to-machine-managers-and-workers-are-losing-out

267. https://www.tagesschau.de/wirtschaft/amazon-flex-vorteile-nachteile-kritik-101.html

268. https://www.faz.net/aktuell/wirtschaft/unternehmen/uber-in-den-niederlanden-fahrer-muessen-fest-angestellt-sein-17534681.html

269. https://www.theguardian.com/technology/2022/jun/22/amazon-workers-shortage-leaked-memo-warehouse

270. https://mmm.verdi.de/medienwirtschaft/tiktok-weg-frei-fuer-einen-betriebsrat-82625

271. https://www.cbc.ca/radio/asithappens/as-it-happens-the-wednesday-edition-1.6480763/canada-s-video-games-industry-is-getting-its-1st-union-organizers-hope-it-s-not-the-last-1.6480765

272. https://arbeitsunrecht.de/aldi-sued-betriebsratsgruendung-endet-mit-tumult-und-polizeieinsatz/

273. https://www.buzzfeednews.com/article/otilliasteadman/strippers-star-garden-unionizing

274. https://www.golem.de/news/verteilzentrum-wunstorf-amazon-beschaeftigte-gruenden-betriebsrat-2206-166539.html

275. https://www.washingtonpost.com/technology/2022/04/01/chris-smalls-amazon-union/

276. https://www.vice.com/en/article/akwwvb/us-employers-spend-dollar340-million-a-year-busting-unions

277. https://www.washingtonpost.com/business/2022/02/09/starbucks-memphis-

union-employees-fired/, https://www.huffpost.com/entry/starbucks-to-rehire-fired-memphis-workers_n_6319ea44e4b0eac9f4d45432

278. https://qz.com/2191767/are-starbucks-and-chipotle-union-busting-by-closing-stores/
279. https://www.independent.co.uk/news/world/americas/howard-schultz-starbucks-unions-b2100501.html
280. https://www.cnbc.com/2022/04/09/starbucks-ceo-howard-schultz-has-history-of-opposing-unions.html
281. https://news.gallup.com/poll/398303/approval-labor-unions-highest-point-1965.aspx
282. https://www.pewresearch.org/fact-tank/2022/02/18/majorities-of-adults-see-decline-of-union-membership-as-bad-for-the-u-s-and-working-people/
283. https://www.iwkoeln.de/studien/hagen-lesch-strukturdefizite-verstaerken-sich-516253.html
284. https://www.businessinsider.de/gruenderszene/food/gorillas-betriebsrat-gericht-antrag-abgelehnt-a/
285. https://www.berliner-zeitung.de/news/lieferdienste-gorillas-will-schnelle-fahrer-beim-schichtdienst-bevorzugen-li.249480
286. https://sz-magazin.sueddeutsche.de/leben-und-gesellschaft/lieferdienste-unfaelle-gorillas-91388
287. https://gorillas.io/de/fahrer-werden
288. Bundesarbeitsgericht 5 AZR 334/21: https://www.bundesarbeitsgericht.de/entscheidung/5-azr-334-21/, https://www.bundesarbeitsgericht.de/presse/arbeitgeber-muss-fahrradlieferanten-fahrrad-und-mobiltelefon-als-notwendige-arbeitsmittel-zur-verfuegung-stellen/
289. https://taz.de/Berliner-Radkuriere-protestieren/!5746305/, https://www.spiegel.de/wirtschaft/unternehmen/gorillas-flink-und-grovy-lebensmittel-in-zehn-minuten-geliefert-kann-das-auf-dauer-funktionieren-a-4bcd3ea0-ee43-4459-b5e6-423e8dec73d8
290. https://www.boeckler.de/pdf/atyp/D.pdf, https://www.sozialpolitik-aktuell.de/files/sozialpolitik-aktuell/_Politikfelder/Arbeitsmarkt/Datensammlung/PDF-Dateien/abbIV91.pdf
291. https://www.destatis.de/Europa/DE/Thema/Bevoelkerung-Arbeit-Soziales/Arbeitsmarkt/Qualitaet-der-Arbeit/_dimension-2/niedriglohnquote.html
292. https://www.destatis.de/DE/Themen/Wirtschaft/Konjunkturindikatoren/Lange-Reihen/Arbeitsmarkt/lrarb003ga.html
293. Dezernat Zukunft; Schneemelcher, Pola; Hilbert, Viola et al. (2022): Wie sieht ein guter Arbeitsmarkt aus? https://www.dezernatzukunft.org/wp-content/uploads/2022/06/Schneemelcher-et-al.-2022-Wie-sieht-ein-guter-Arbeitsmarkt-aus.pdf
294. https://www.brandeins.de/magazine/brand-eins-wirtschaftsmagazin/2020/arbeiten/der-truegerische-segen-der-vollbeschaeftigung
295. https://www.faz.net/aktuell/wirtschaft/deutschland-naehert-sich-der-vollbeschaeftigung-15665744.html
296. https://www.handelsblatt.com/politik/deutschland/arbeitsmarkt-der-weg-zur-vollbeschaeftigung-ist-noch-weit/22751138.html
297. https://www.faz.net/aktuell/wirtschaft/ende-von-hartz-iv-das-steckt-im-neuen-buergergeld-18315359.html
298. https://www.manager-magazin.de/unternehmen/handel/gorillas-kagan-suemer-kaempft-um-das-ueberleben-des-lieferdienstes-a-356b304c-70634827-bfe0-d695567650e1
299. Hier gibt's das Video noch auf YouTube: https://www.youtube.com/watch?v=PIq5GlY4h4E

300. https://www.bmbf.de/SharedDocs/Downloads/de/2022/abschlussbericht-evaluation-wisszeitvg.pdf?__blob=publicationFile&v=2
301. https://www.gew.de/aktuelles/detailseite/acht-forderungen-fuer-ein-wissenschaftsentfristungsgesetz
302. Deutsches Klimakonsortium (2021): Was wir heute übers Klima wissen. https://www.deutsches-klima-konsortium.de/fileadmin/user_upload/pdfs/Publikationen_DKK/basisfakten-klimawandel.pdf
303. https://www.faz.net/aktuell/wissen/erde-klima/klimawandel-spielt-eine-rolle-bei-der-ueberschwemmung-in-pakistan-18320251.html
304. https://www.tagesschau.de/ausland/afrika/somalia-hungersnot-un-103.html
305. https://www.deutschlandfunkkultur.de/biodiversitaet-artensterben-folgen-100.html
306. https://www.tagesschau.de/inland/gesellschaft/wasserknappheit-deutschland-101.html
307. Armstrong McKay, David I.; Staal, Arie; Abrams, Jesse F. et al (2022): Exceeding 1.5°C global warming could trigger multiple climate tipping points. Science, Vol 377, Issue 6611. https://www.science.org/doi/10.1126/science.abn7950
308. Bundesministerium für Umwelt, Naturschutz und nukleare Sicherheit (2021): Klimaschutz in Zahlen. https://www.bmuv.de/fileadmin/Daten_BMU/Pools/Broschueren/klimaschutz_zahlen_2021_bf.pdf
309. Raworth, Kate (2018): Die Donut-Ökonomie. Aus dem Englischen von Hans Freundl und Sigrid Schmid. Hanser. S. 72–73. (E-Book).
310. https://time.com/5930093/amsterdam-doughnut-economics/
311. https://repository.difu.de/jspui/bitstream/difu/583550/1/220405_PD-Impulse-Studie_Donut-Oekonomie.pdf
312. Raworth, Kate (2018): Die Donut-Ökonomie. Carl Hanser. S. 87–88. (E-Book).
313. https://www.sueddeutsche.de/wirtschaft/china-klimawandel-hitze-niedrigwasser-1.5642750
314. https://www.tagesschau.de/ausland/hitzewelle-in-indien-101.html
315. https://www.welt.de/wissenschaft/article240500767/Hitze-Bis-zu-52-Grad-Celsius-Forscher-warnen-vor-kuenftigem-Extremhitzeguertel-in-den-USA.html
316. https://www.tz.de/muenchen/stadt/muenchen-douglas-hitze-sperrt-zu-behoerden-alarm-parfuemerie-news-91709362.html
317. https://www.zeit.de/zett/2022-07/hitze-beruf-alltag-umgang?utm_referrer=https%3A%2F%2Fwww.google.com%2F
318. https://www.zeit.de/wirtschaft/2022-07/hitze-arbeitsunfaehigkeit-fehltag-linke-kleine-anfrage
319. International Labor Organisation (2019): Working on a Warmer Planet. https://www.ilo.org/wcmsp5/groups/public/---dgreports/---dcomm/---publ/documents/publication/wcms_711919.pdf
320. https://www.zeit.de/politik/deutschland/2022-06/hitze-gefahr-tote-hitzeperioden-klimawandel
321. https://www.spiegel.de/wissenschaft/uebersterblichkeit-durch-rekordtemperaturen-vermutlich-tausende-tote-durch-hitzewelle-a-a71e6444-ce9f-4c3e-97d6-26d6b58f7bb2
322. https://www.aerzteblatt.de/nachrichten/129202/300-000-vorzeitige-Todesfaelle-durch-Feinstaubbelastung:~:text=Jedes%20Jahr%20sterben%20nach%20WHO,Menschen%20fr%C3%BCh%20zeitig%20infolge%20von%20Luftverschmutzung
323. https://www.youtube.com/watch?v=97qTunx8HZg
324. https://www.sueddeutsche.de/wirtschaft/patagonia-konsum-antikonsum-outdoor-handel-bekleidung-umweltschutz-klimawandel-1.5656885

325. https://www.bertelsmann-stiftung.de/de/themen/aktuelle-meldungen/2021/september/beschaeftigte-fordern-mehr-klimaschutz-der-unternehmen
326. https://gimletmedia.com/shows/howtosaveaplanet/dvhmgjj/encore-how-amazon-workers-got-serious
327. https://amazonemployees4climatejustice.medium.com/public-letter-to-jeff-bezos-and-the-amazon-board-of-directors-82a8405f5e38
328. https://ir.aboutamazon.com/news-release/news-release-details/2022/Amazon.com-Announces-Fourth-Quarter-Results/default.aspx
329. https://sustainability.aboutamazon.com/about/the-climate-pledge
330. https://sustainability.google/commitments/
331. https://news.microsoft.com/de-de/co2-klimaschutzprogramm/
332. https://gimletmedia.com/shows/howtosaveaplanet/dvhmgjj/encore-how-amazon-workers-got-serious
333. https://insideclimatenews.org/news/08022021/a-disillusioned-exxonmobil-engineer-quits-to-take-action-on-climate-change-and-stop-making-the-world-worse/
334. https://www.ogv.energy/news-item/shell-executives-quit-amid-discord-over-green-push
335. https://www.euronews.com/green/2021/10/25/climate-quitters-meet-the-people-who-abandoned-their-high-carbon-jobs
336. https://www.cnbc.com/2022/07/26/tech-to-climate-career-changes-why-these-workers-left-jobs-like-google.html
337. https://www.instagram.com/p/CgjUb7MKAf0/?hl=de
338. https://www.zeit.de/2022/36/sebastian-vettel-formel-1-familie-klimaschutz/komplettansicht
339. Deloitte Global 2022 Gen Z & Millennial Survey. https://www2.deloitte.com/content/dam/Deloitte/global/Documents/deloitte-2022-genz-millennial-survey.pdf
340. https://www.theguardian.com/environment/2022/may/24/do-not-work-for-climate-wreckers-un-head-tells-graduates-antonio-guterres
341. https://news.stanford.edu/2005/06/14/jobs-061505/
342. Cech, Erin (2021): The Trouble With Passion. University of California Press.
343. Cognizant (2022): The Purpose Gap. https://www.cognizant.com/us/en/whitepapers/documents/the-purpose-gap-codex7086.pdf
344. https://gorillas.io/de/manifest
345. https://www.aerzteblatt.de/archiv/212855/Jeder-fuenfte-Klinikarzt-denkt-ueber-Berufswechsel-nach
346. https://www.springermedizin.de/akute-depressive-episode/anaesthesiologie/anaesthesisten-sind-besonders-suizidgefaehrdet/19250818
347. Jaffe, Sarah (2022): Work won't love you back. Hurst & Company. London. S. 353f.
348. Daheim, Cornelia; Wintermann, Ole; et al. (2019): Arbeit 2050: Drei Szenarien. Bertelsmann Stiftung. https://www.bertelsmann-stiftung.de/fileadmin/files/BSt/Publikationen/GrauePublikationen/Arbeit_2050_Drei_Szenarien..pdf
349. https://www.un.org/depts/german/menschenrechte/aemr.pdf

ZUM WEITERLESEN

DEUTSCHE UND ÜBERSETZTE BÜCHER

Jutta Allmendinger: Es geht nur gemeinsam! Wie wir endlich Geschlechtergerechtigkeit erreichen. 2021, Ullstein.

Rutger Bregman: Utopien für Realisten. 2019, Rowohlt Taschenbuch.

Angela Davis: Rassismus, Sexismus und Klassenkampf. 2022, Unrast.

Barbara Ehrenreich: Arbeit poor. Unterwegs in der Dienstleistungsgesellschaft. 2001, Verlag Antje Kunstmann.

Silvia Federici: Revolution at Point Zero. Hausarbeit, Reproduktion und feministischer Kampf. 2021, Unrast.

Julia Friedrichs: Working Class. Warum wir Arbeit brauchen, von der wir leben können. 2021, Piper Verlag.

Maja Göpel: Unsere Welt neu denken: Eine Einladung. Ullstein, 2020.

David Graeber: Bullshit Jobs: Vom wahren Sinn der Arbeit. 2018, Klett-Cotta.

Alice Hasters: Was weiße Menschen nicht über Rassismus hören wollen, aber wissen sollten. 2019, Hanserblau.

Ulrike Herrmann: Das Ende des Kapitalismus. 2022, Kiepenheuer & Witsch.

Cal Newport: Eine Welt ohne E-Mail. Konzentrierter arbeiten in der Kommunikationsflut. 2021, Redline Verlag.

Kate Raworth: Die Donut-Ökonomie. 2018, Carl Hanser.

Juliet B. Schor: Wahrer Wohlstand. Mit weniger Arbeit besser leben. 2016, Oekom Verlag.

Sara Schurmann: Klartext Klima. Zusammenhänge verstehen, loslegen und effektiv handeln. 2022, Brandstätter.

James Suzman: Sie nannten es Arbeit: Eine andere Geschichte der Menschheit. 2022, C.H. Beck.

ENGLISCHE BÜCHER

Erin Cech: The Trouble With Passion. How Searching for Fulfullment at Work Fosters Inequality. 2021, University of California Press.

Angela Garbes: Essential Labor. Mothering as Social Change. 2022, HarperCollins Publishers.

Minda Harts: The Memo. What Women of Color Need to Know to Secure a Seat at the Table. 2021, Seal Press.

Sarah Jaffe: Work Won't Love You Back. 2022, Hurst & Company. London.

Ayana Elizabeth Johnson & Katharine K. Wilkinson (Hrsg.): All We Can Save. Truth, Courage, and Solutions for the Climate Crisis. 2021, One World.

Emily & Amelia Nagoski: Burnout. Solve Your Stress Cycle. 2020, Vermilion.

Tsedal Neeley: Remote Work Revolution. Succeeding from Anywhere. 2021, Harper Business.

Anne Helen Petersen & Charlie Warzel: Out of Office. The Big Problem and Bigger Promise of Working from Home. 2021, Alfred A. Knopf.

Eyal Press: Dirty Work. Essential Jobs and the Hidden Toll of Inequality. 2021, Farrar, Straus and Giroux.

Devon Price: Laziness Does Not Exist. 2021, Atria Paperback.

Will Stronge & Kyle Lewis: Overwork. Why We Need a Shorter Working Week. 2021, Verso.

Elizabeth Uviebinené: The Reset. Ideas to Change How We Work and Live. 2021, Hodder & Stoughton.